AF508901

PALÉONTOLOGIE FRANÇAISE

DESCRIPTION

DES ANIMAUX INVERTÉBRÉS

COMMENCÉE PAR ALCIDE D'ORBIGNY

continuée

SOUS LA DIRECTION D'UN COMITÉ SPÉCIAL

TERRAIN CRÉTACÉ

TOME SEPTIÈME

ÉCHINIDES

PAR

G. COTTEAU

MEMBRE DE LA SOCIÉTÉ GÉOLOGIQUE DE FRANCE

ATLAS

PARIS

VICTOR MASSON ET FILS

PLACE DE L'ÉCOLE DE MÉDECINE

1862 - 1867

PALÉONTOLOGIE FRANÇAISE

DESCRIPTION

DES ANIMAUX INVERTÉBRÉS

DATES DE LA PUBLICATION

Feuilles 1 — 4............................ Planches 1007 — 1018....................	Février 1861.
Feuilles 5 — 8............................ Planches 1019 — 1030...................	Juillet 1861.
Feuilles 9 — 11........................... Planches 1031 — 1043....................	Novembre 1861.
Feuilles 12 — 14.......................... Planches 1044 — 1052, 1080 et 1088	Mai 1862.
Feuilles 15 — 17.......................... Planches 1053 — 1064....................	Juillet 1862.
Feuilles 18 — 20.......................... Planches 1065 — 1075 et 1054 (bis).......	Octobre 1862.
Feuilles 21 — 23.......................... Pl. 1076 à 1079, 1081 à 1087 et 1087 (bis).	Avril 1863.
Feuilles 24 à 26.......................... Planches 1089 à 1100....................	Juillet 1863.
Feuilles 27 à 29.......................... Planches 1101 à 1112....................	Octobre 1863.
Feuilles 30 à 32.......................... Planches 1113 à 1124	Février 1864.
Feuilles 33 à 35.......................... Planches 1125 à 1131, 1133 à 1137........	Juin 1864.
Feuilles 36 à 38.......................... Planches 1132 et 1138 à 1148............	Septembre 1864.
Feuilles 39 à 41.......................... Planches 1149 à 1160....................	Janvier 1865.
Feuilles 42 à 44.......................... Planches 1161 à 1172....................	Avril 1865.
Feuilles 45 à 47.......................... Planches 1173 à 1184....................	Octobre 1865.
Feuilles 48 à 50.......................... Planches 1185 à 1196....................	Mai 1866.
Feuilles 51 à .... Planches 1197 à 1204....................	Janvier 1867.

CORBEIL — Typ., Ster. et Galv. de CRÉTÉ.

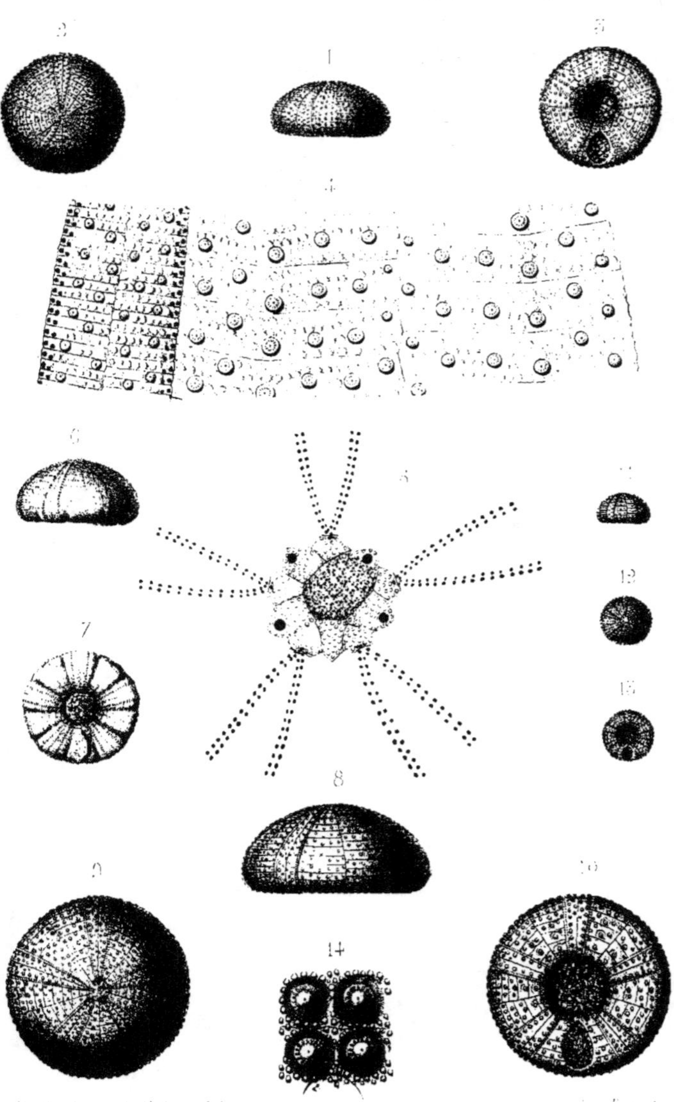

Discoïdea decorata , Deser.

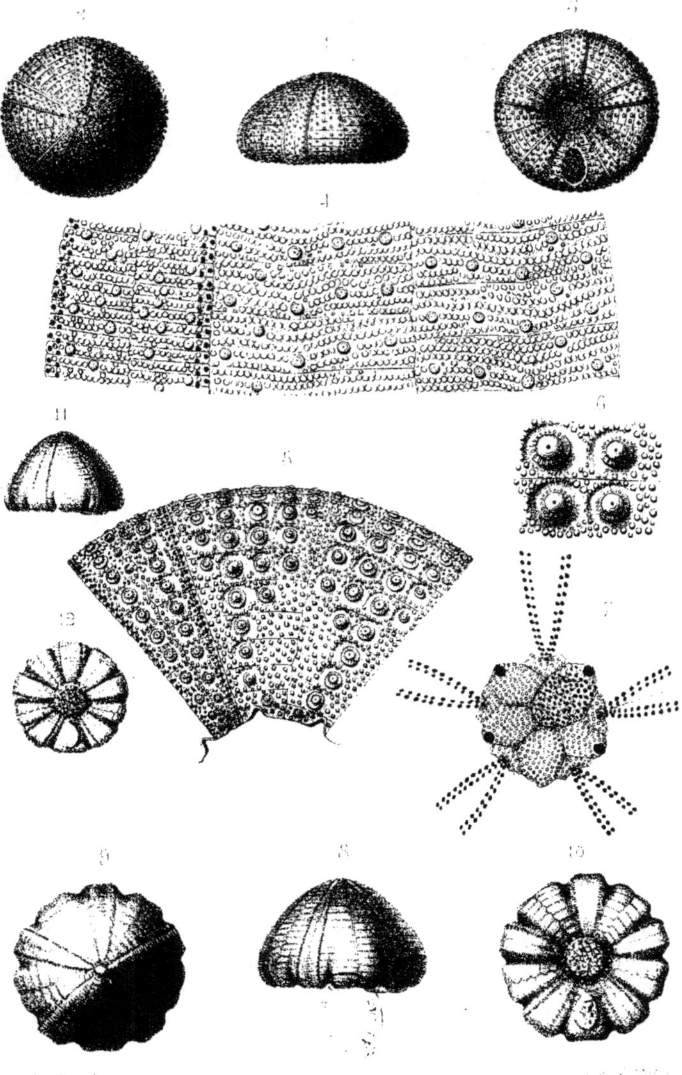

1 — 10. *Discoidea conica*, Deser.
11 — 12. *D. ——— turrita*, Deser.

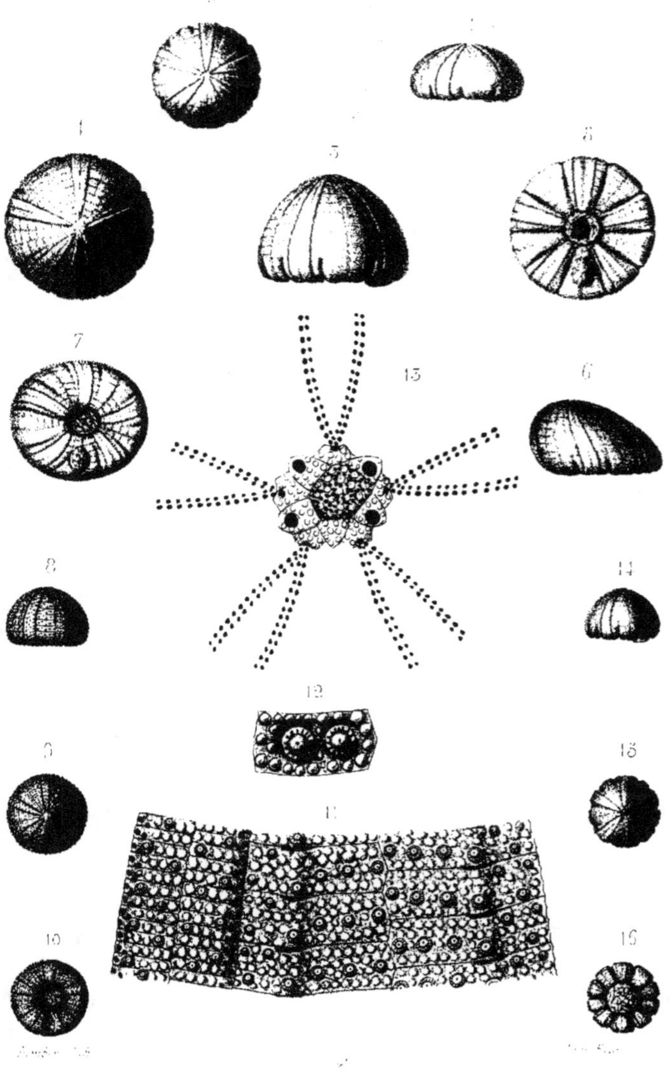

1—7. *Discoidea rotula*, Agassiz.
8—16. D.———— *subuculus*, Klein.

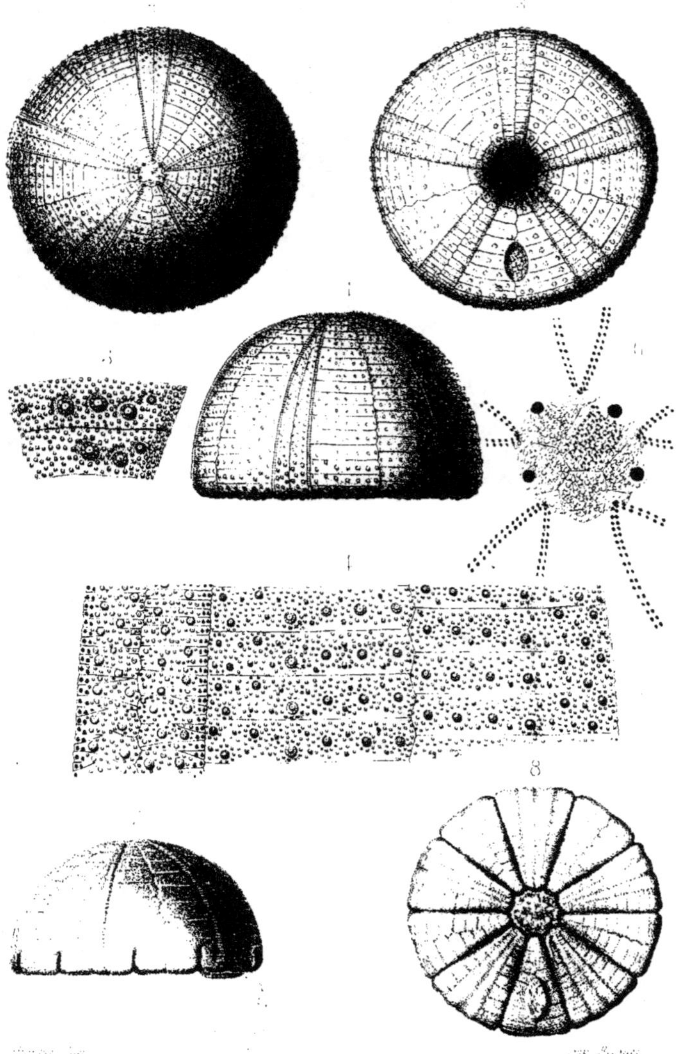

Discoidea cylindrica , Agassiz

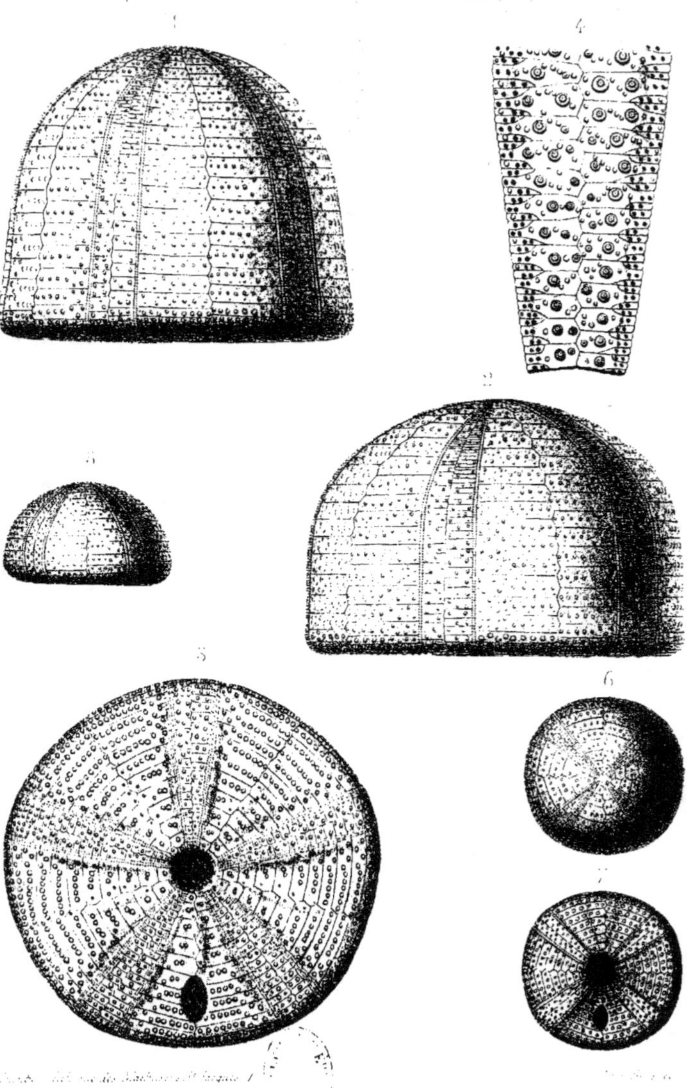

Discoïdea cylindrica ,Agassiz .

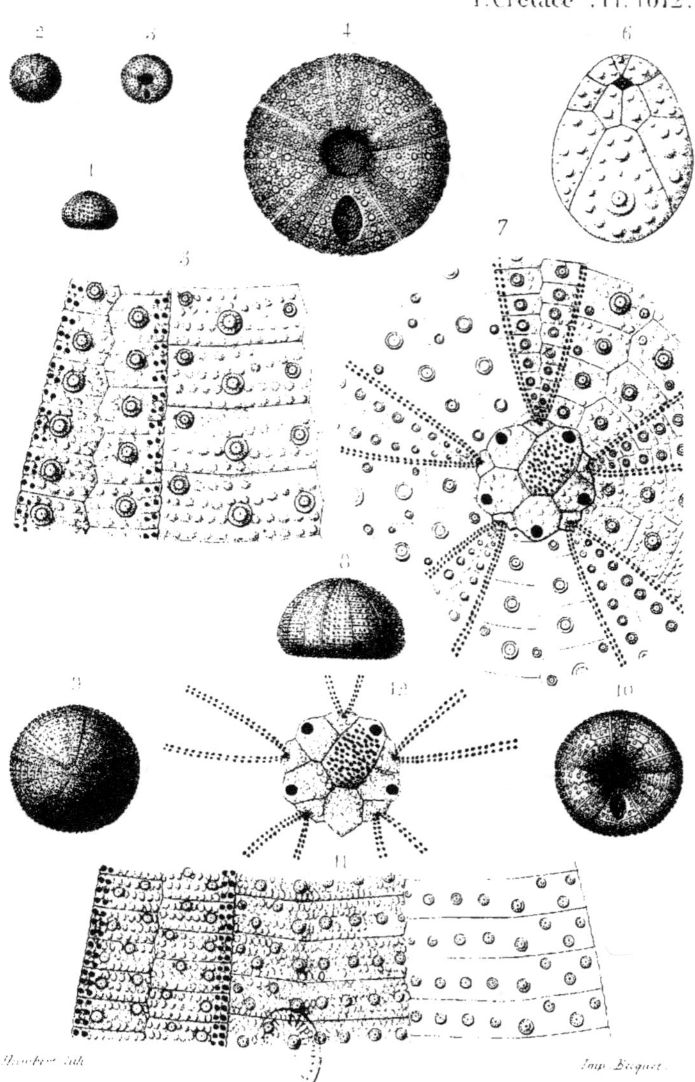

1 – 7. *Discoidea minima*, Agassiz.
8 – 12. *D. ——— pentagonalis*, Cotteau.

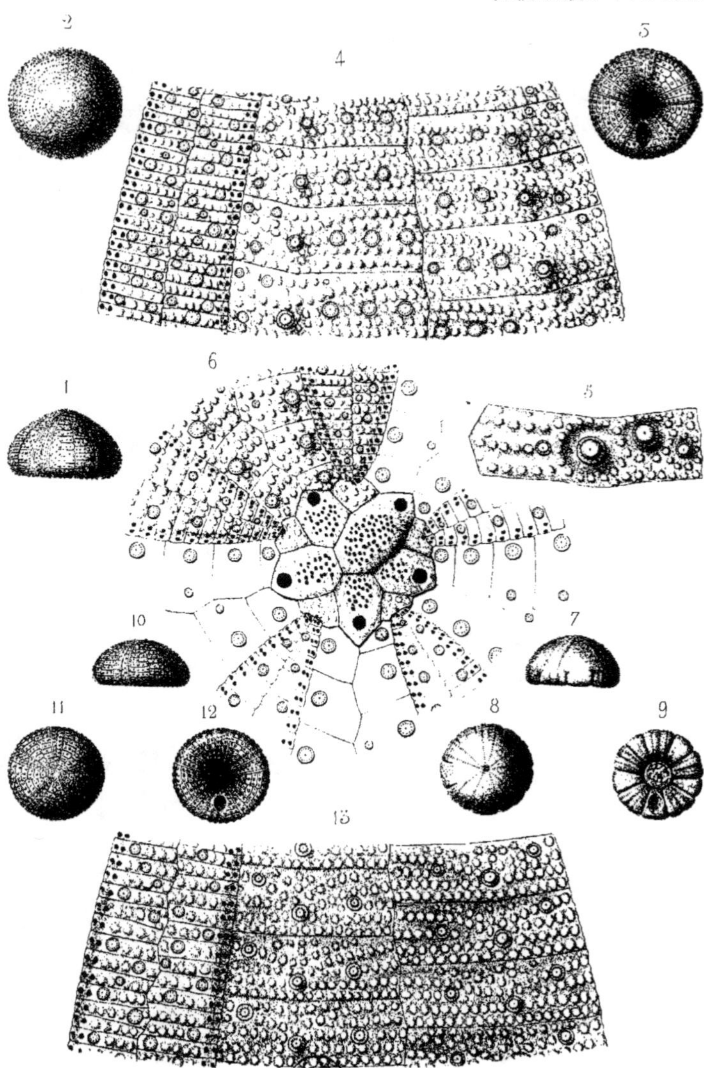

1 _ 9. *Discoidea infera*, Desor.
10 _ 13. *D. _____ Archiaci*, Cotteau.

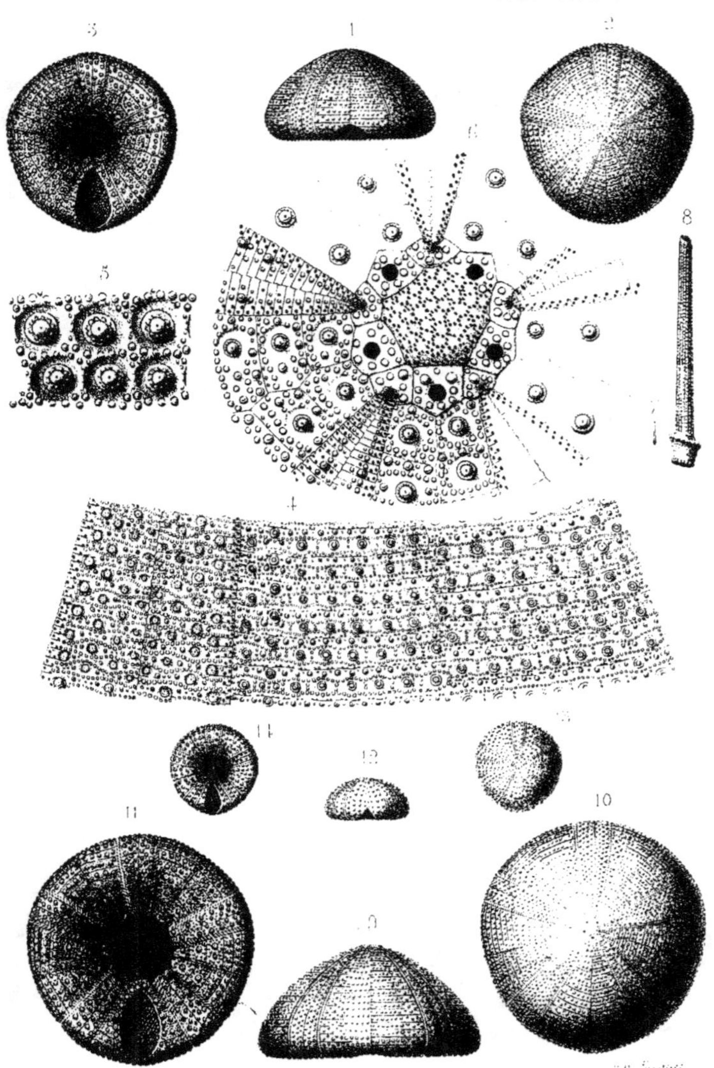

Holectypus macropygus, Desor.

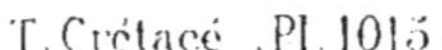

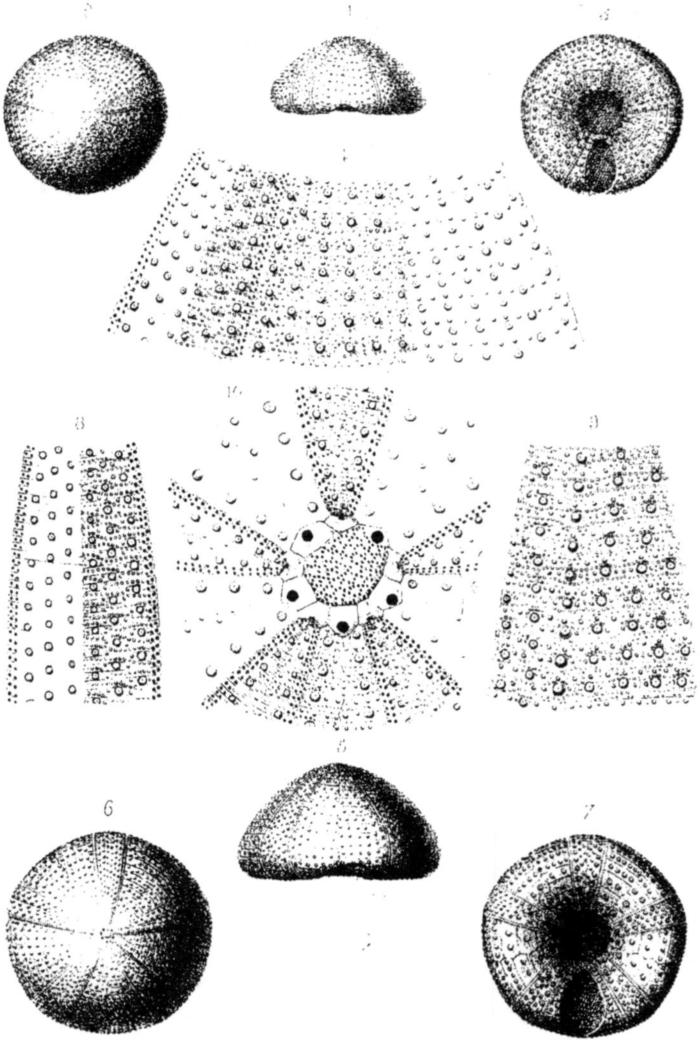

1 - 4. *Holectypus macropygus*, Desor.
5 . 10. 11. ———— *Neocomiensis*, A. Gras.

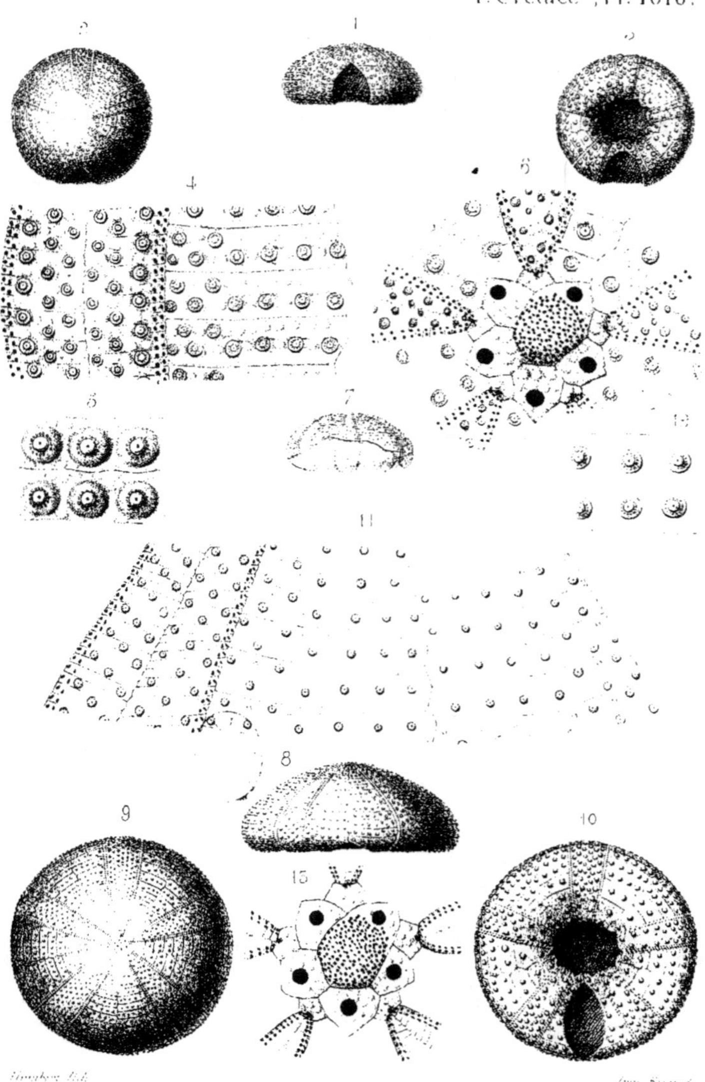

1 - 7. *Holectypus excisus*, Cotteau.

8 - 13. *H. ________ Cenomanensis*, Gueranger.

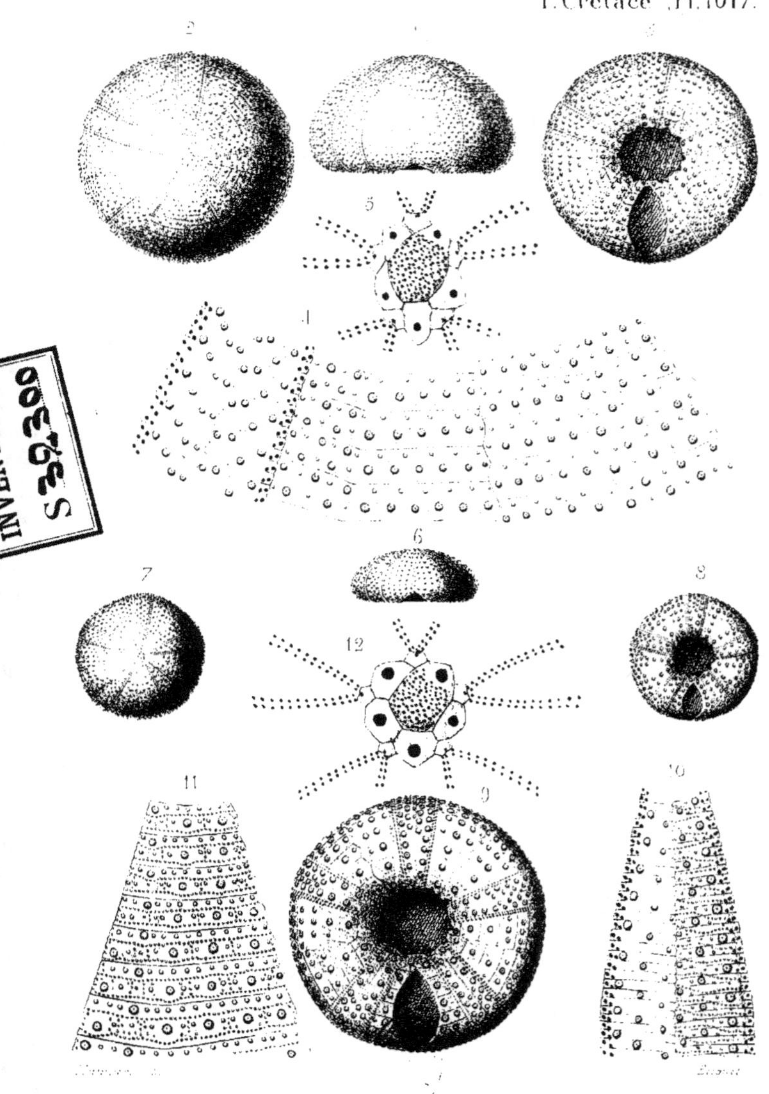

1...5. *Holectypus crassus*, Cotteau.
6—12. *Id.* ———— *serialis*, Deshayes.

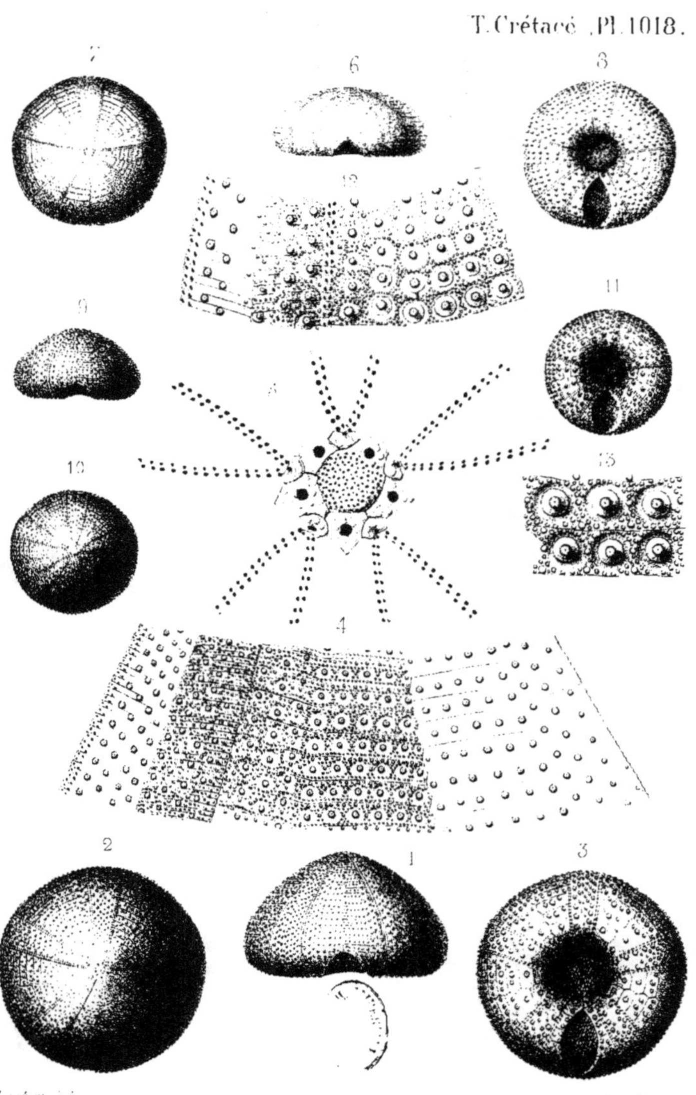

Holeclypus Turonensis, Desor.

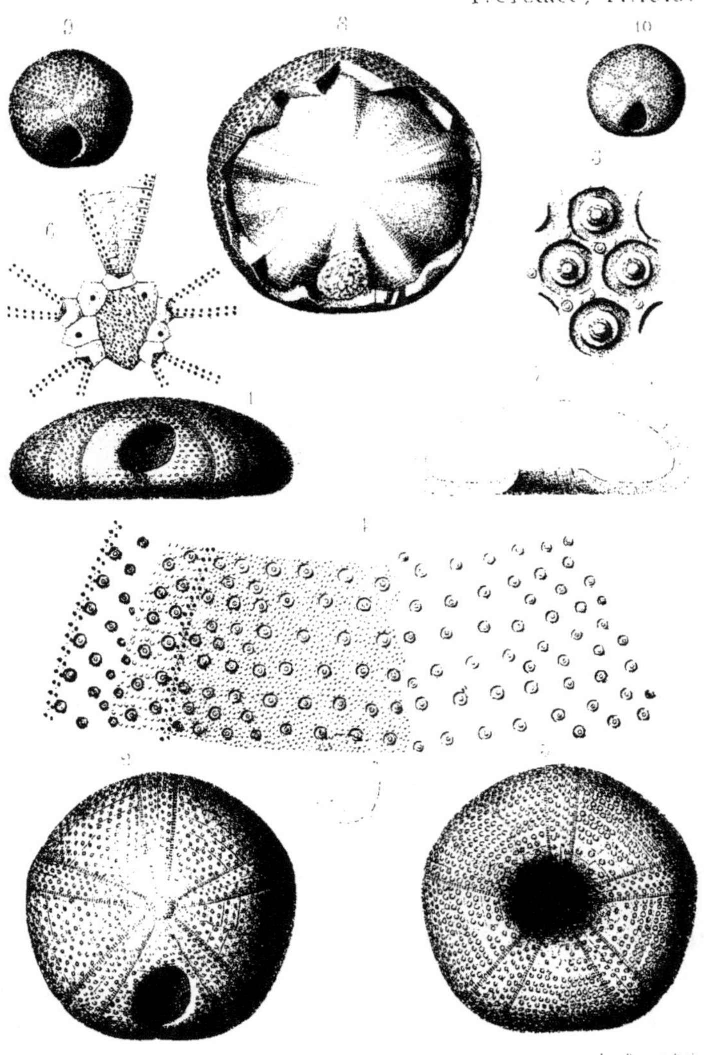

Anorthopygus orbicularis, Cotteau.

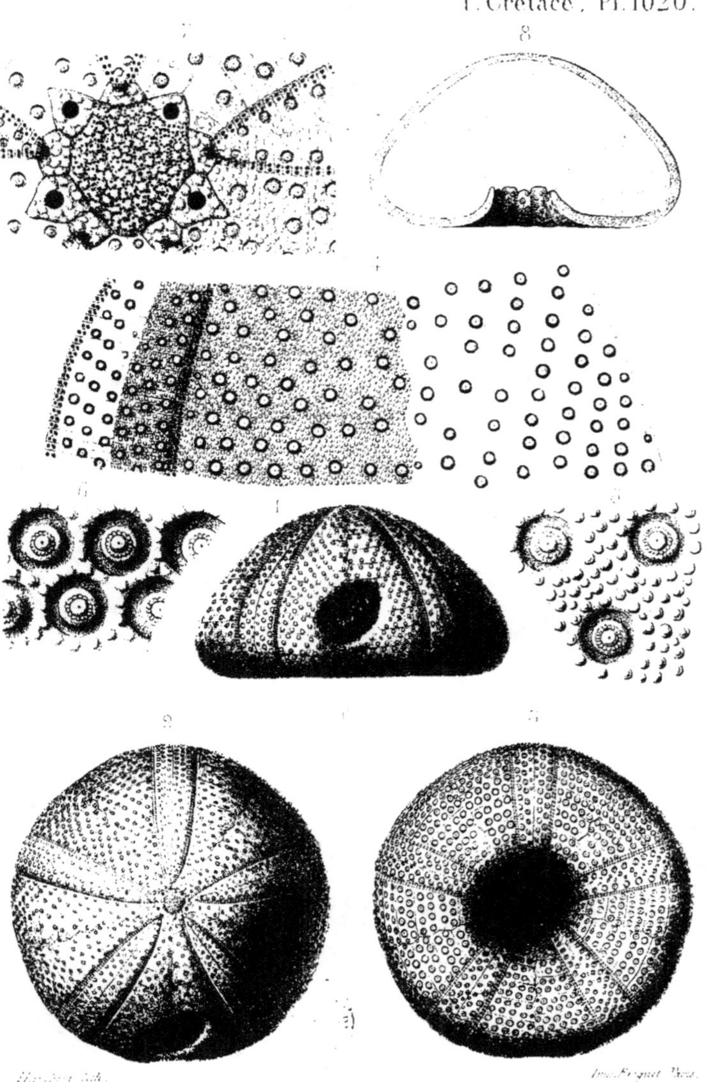

Anorthopygus Michelini, Cotteau .

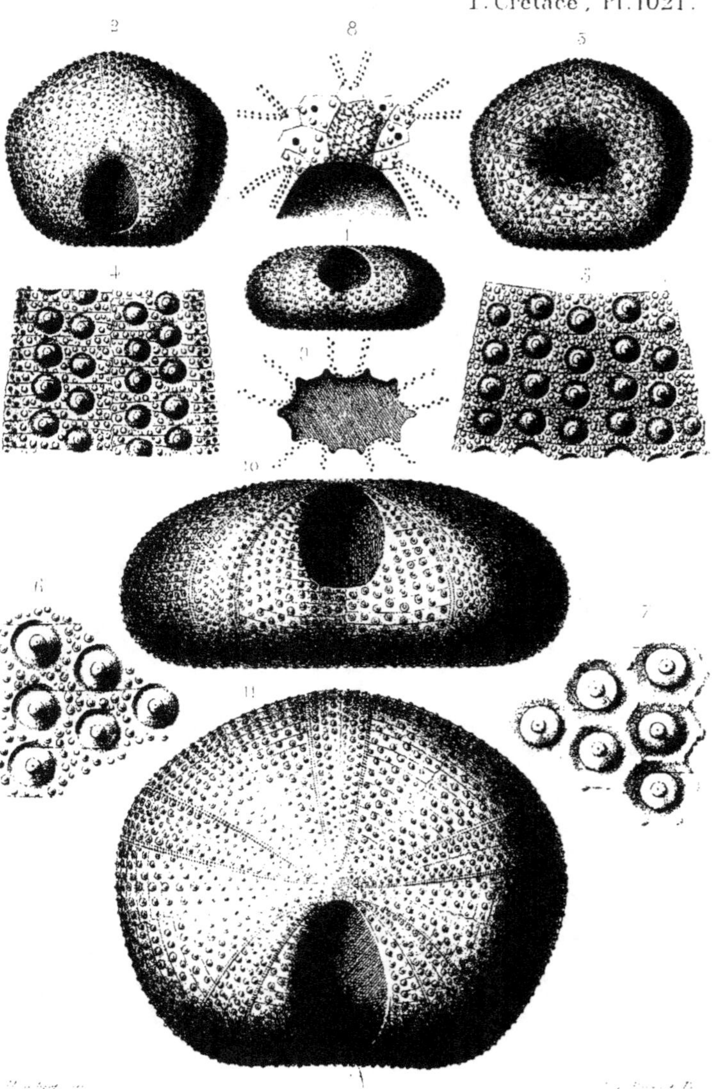

Pygaster truncatus, Agassiz

Humbert del.

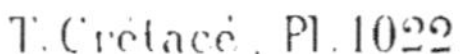

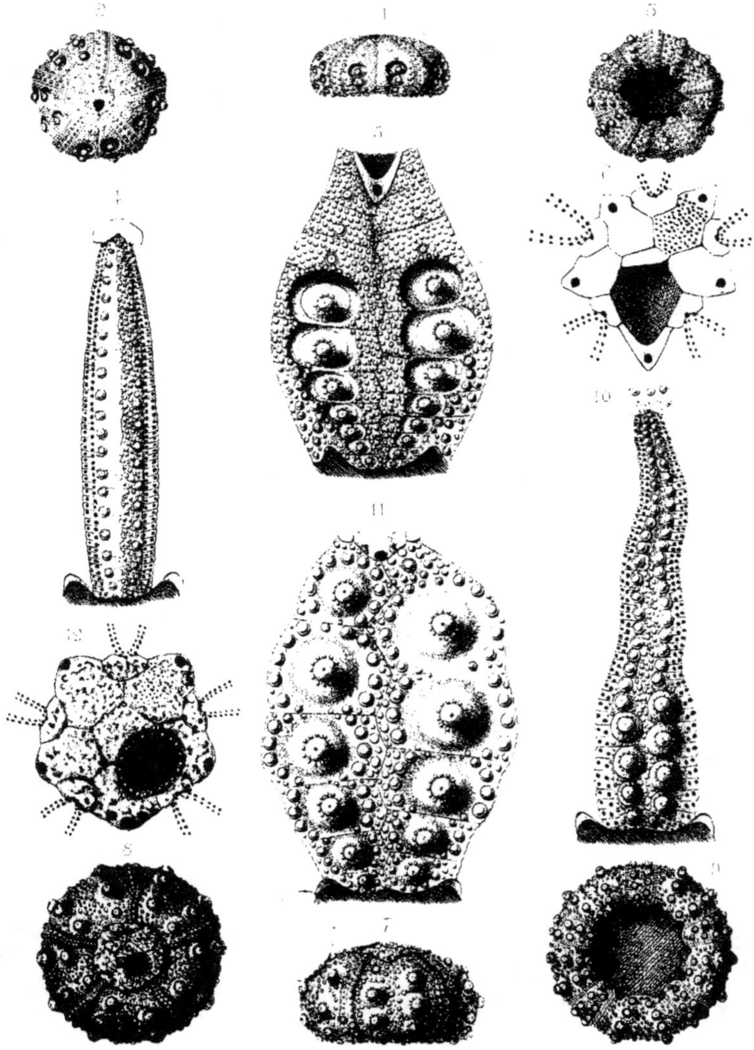

1 – 6. *Acrosalenia patella*, Desor.
7 – 12. *Heterosalenia Martini*, Cotteau.

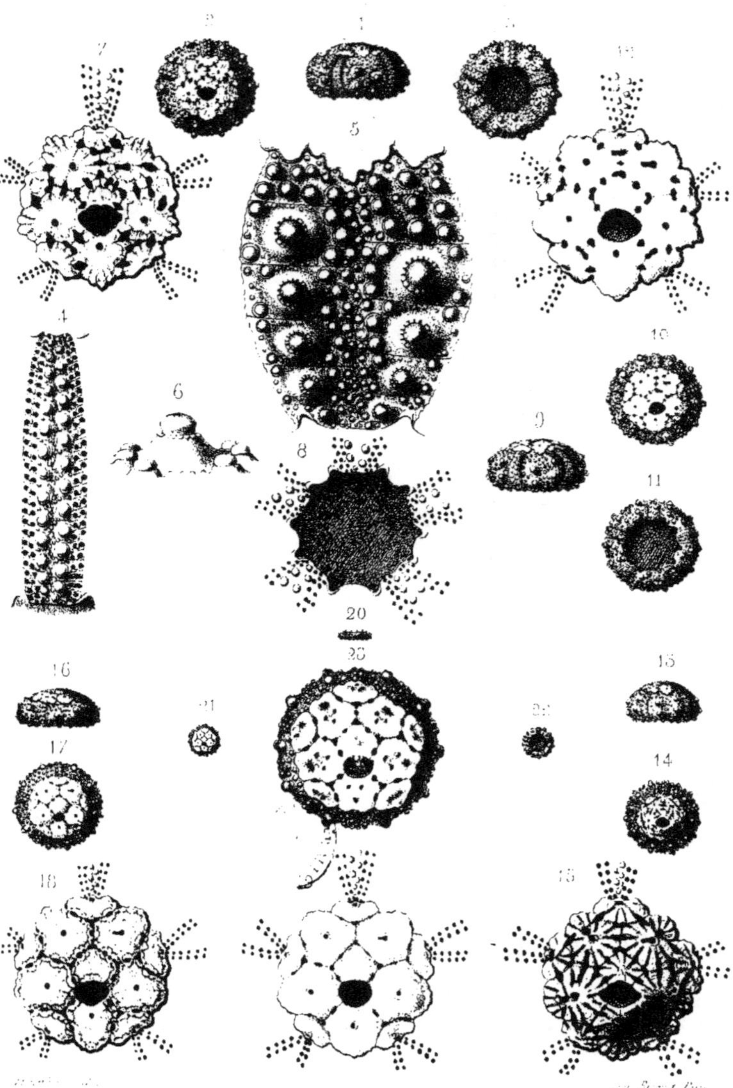

Pellastes stellulatus , Agassiz .

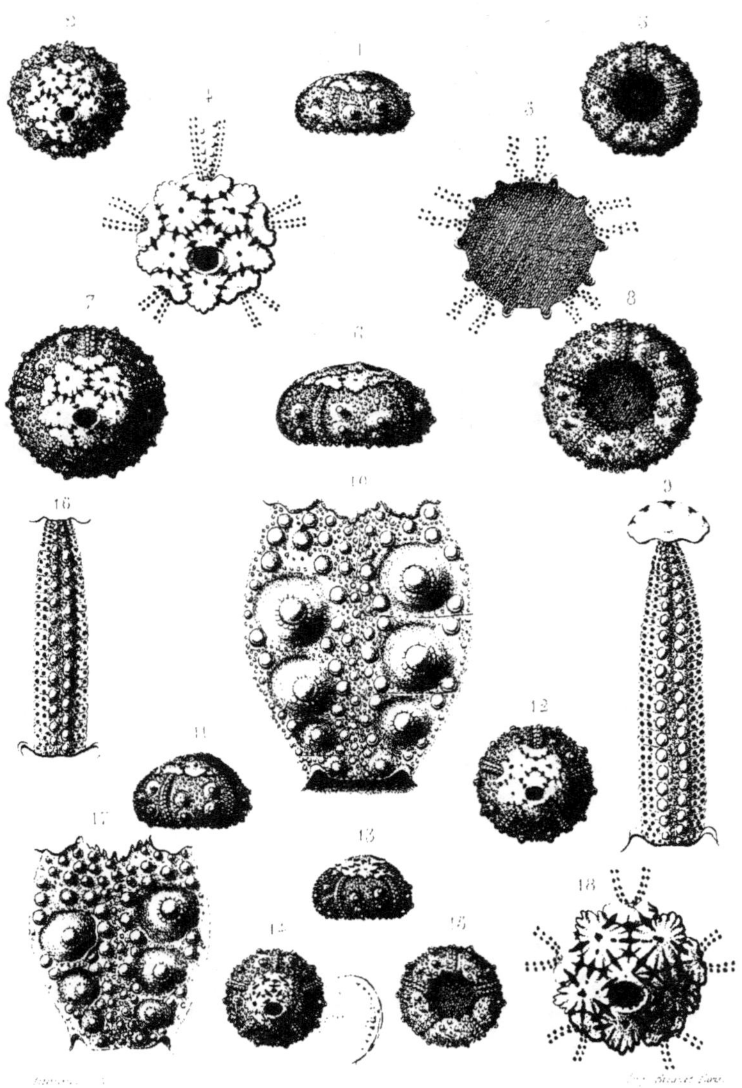

Peltastes Lardyi, Cotteau

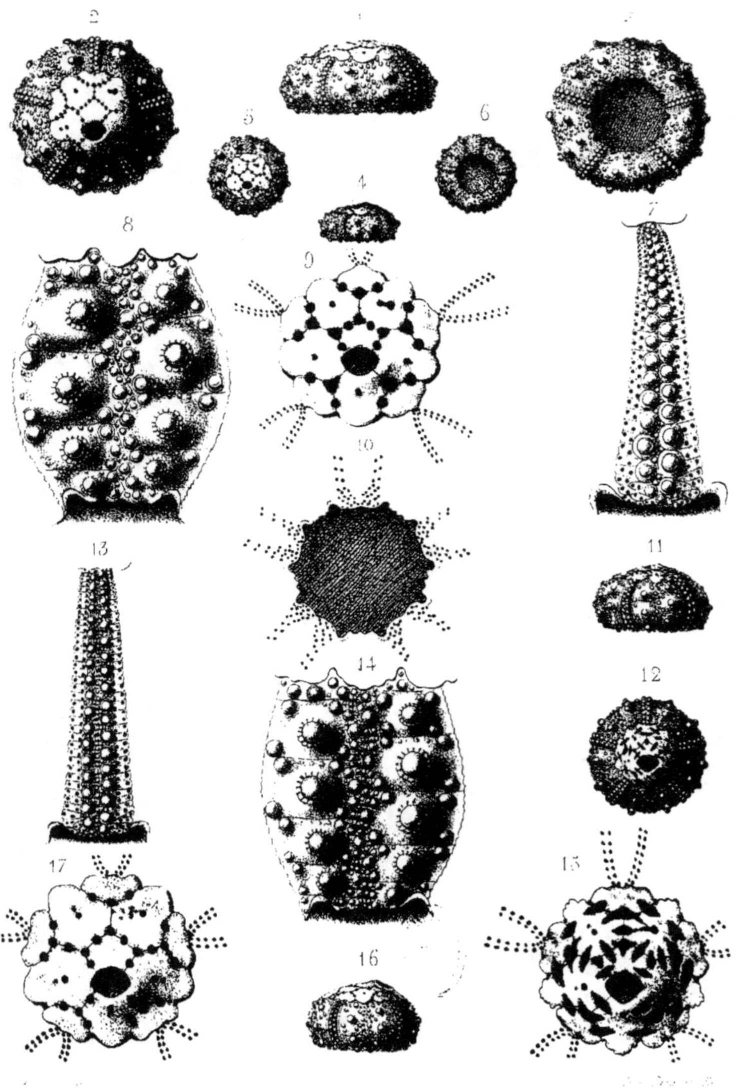

Peltastes Meyeri, Cotteau.
P.———— Archiaci, Cotteau.

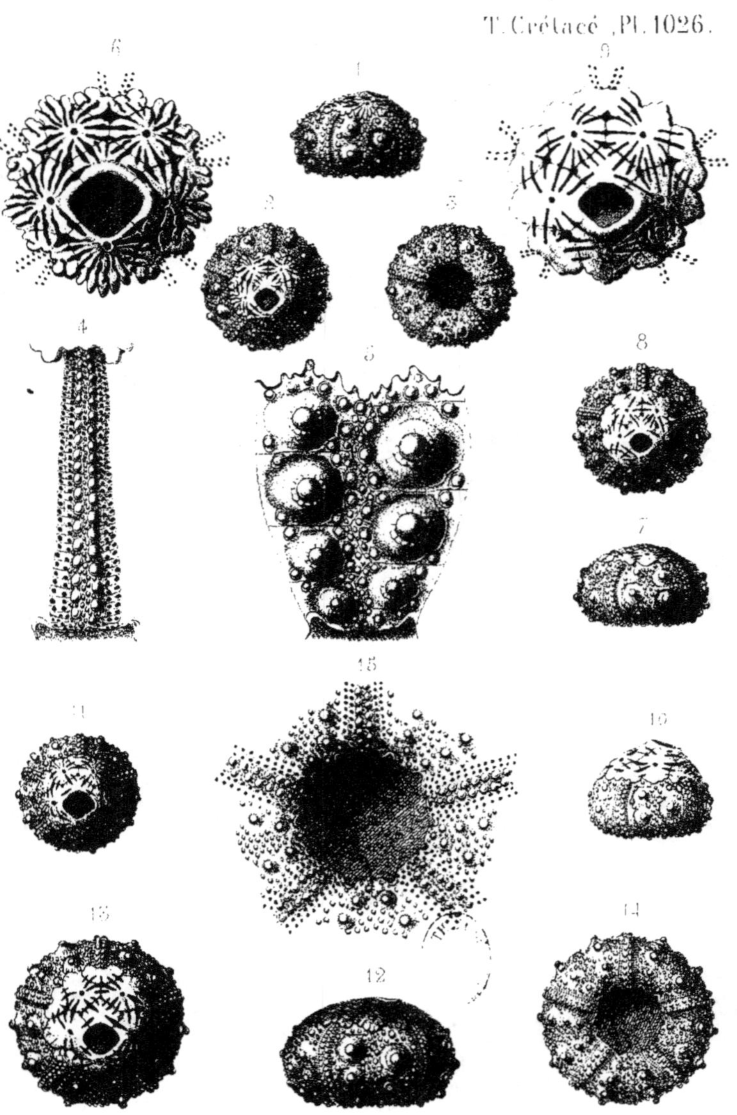

Peltastes Studeri , Cotteau.

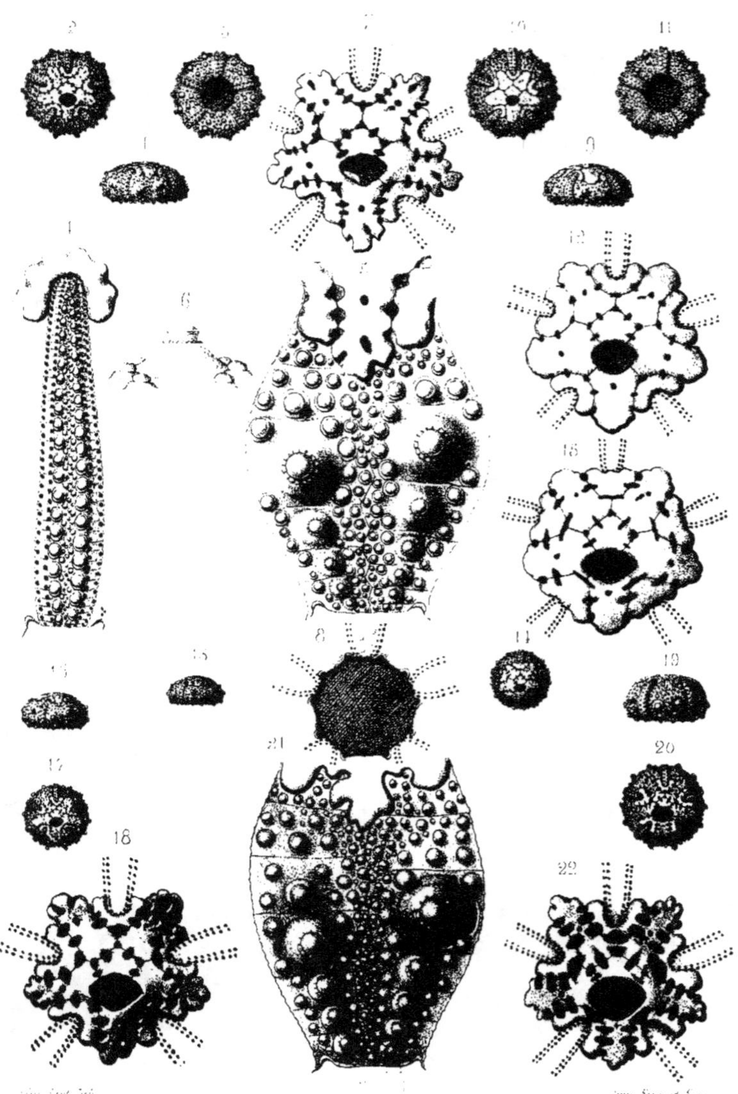

Pellastes acanthoides, Agassiz.

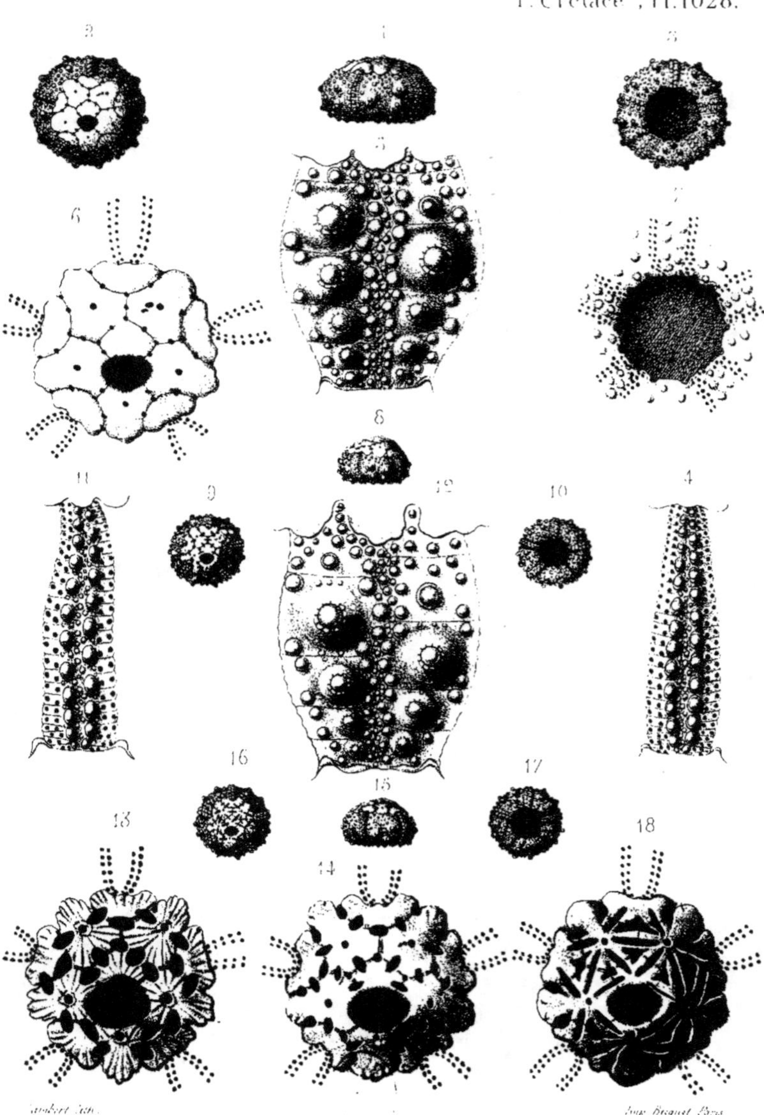

1 — 7. *Peltastes Wrighti* , Cotteau.
8 — 18. P.———— *clathratus* , Cotteau.

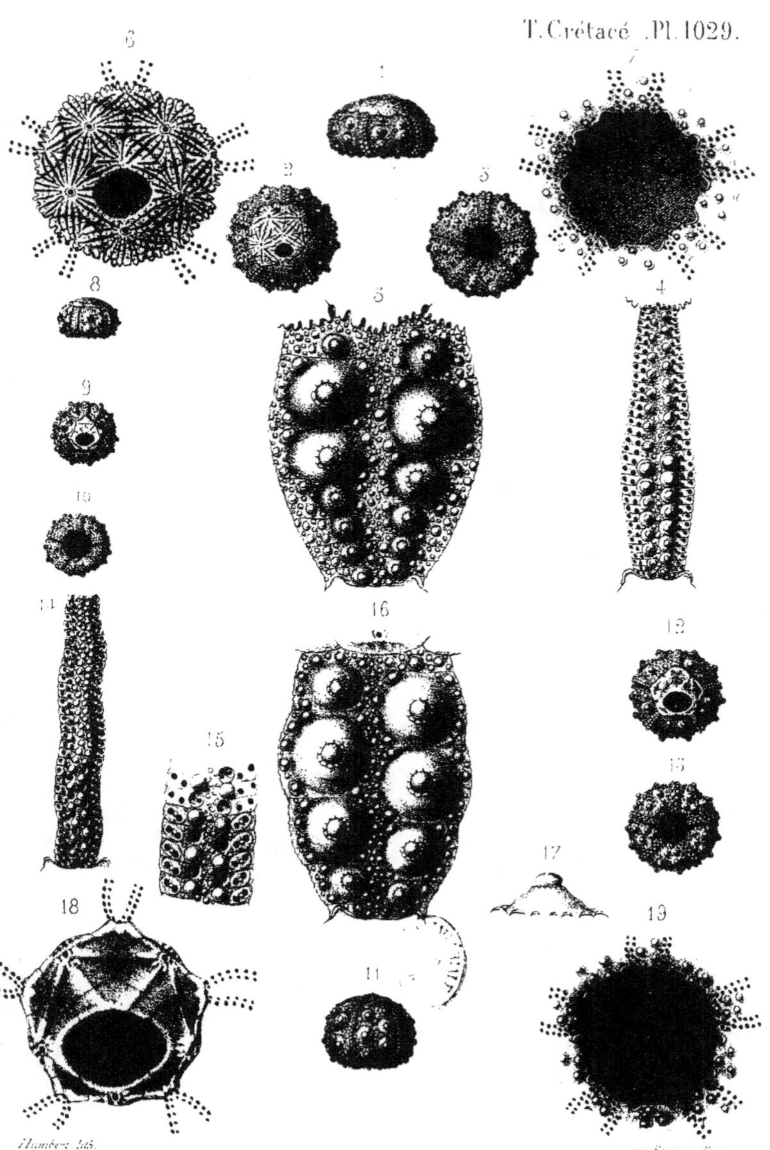

1 — 7. *Peltastes heliophorus*, Cotteau.
8 — 19. *Goniophorus lunulatus*, Agassiz.

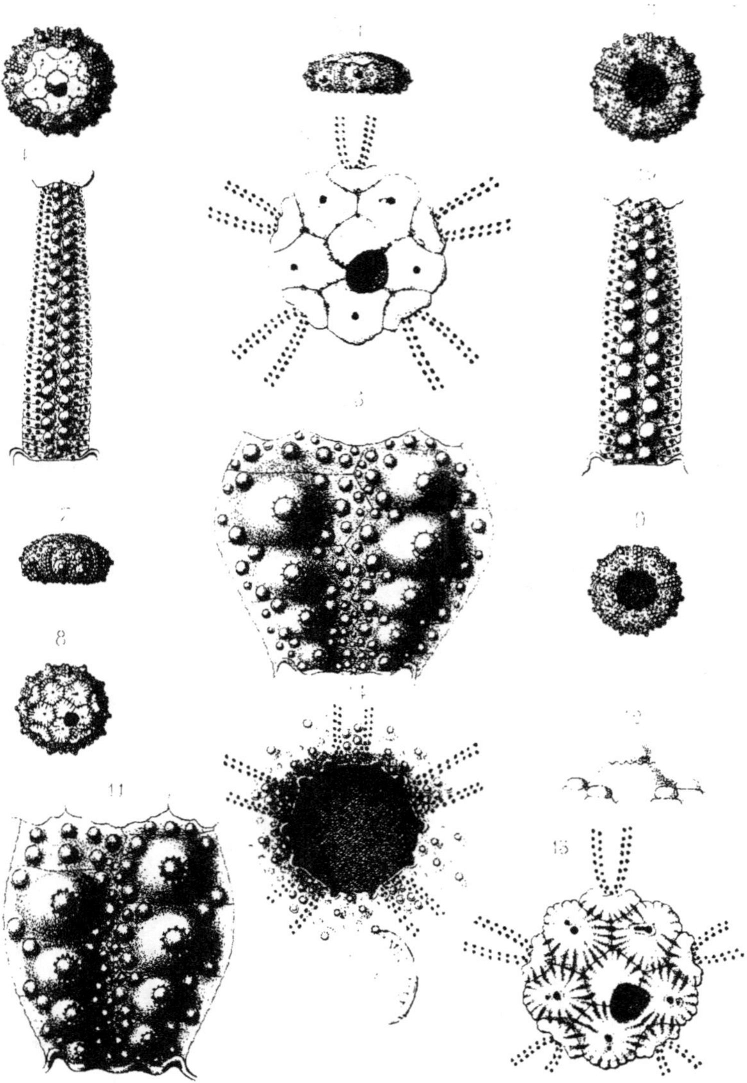

1 — 6. *Salenia depressa*, A. Gras.
7 — 13. *S.* ————— *folium querci*, Desor.

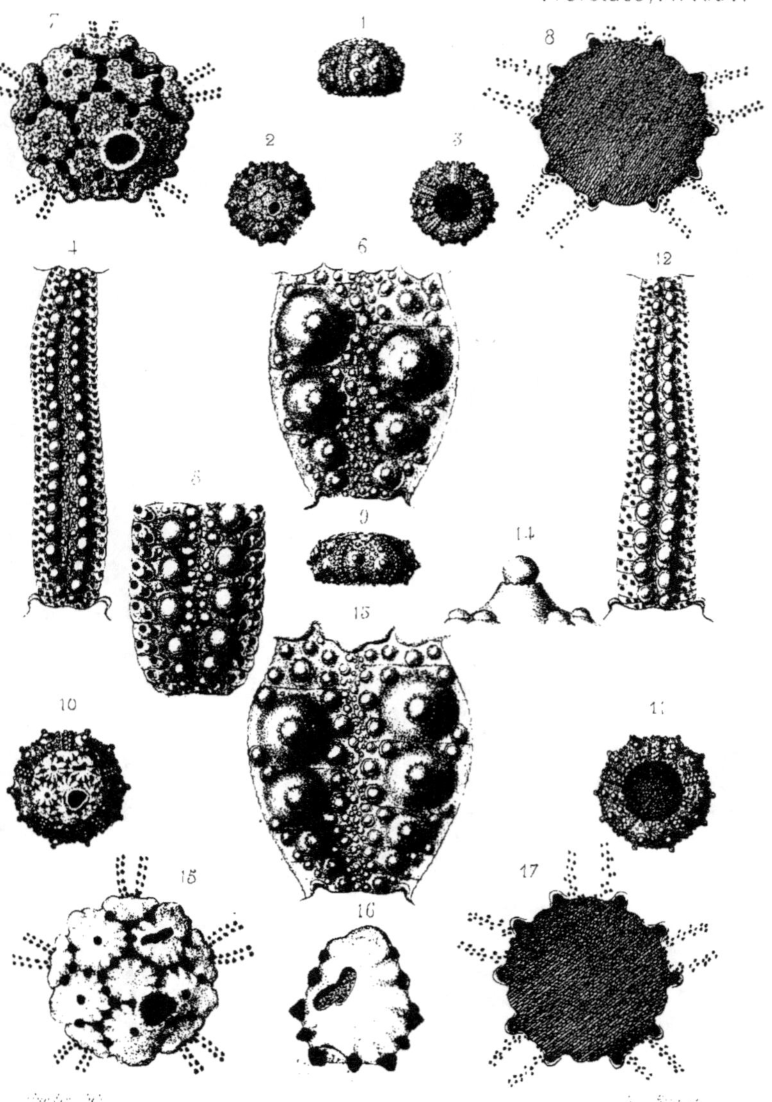

1-8. *Salenia Acocomiensis*, Cotteau.

9-17. *S.* ______ *mamillata*, Cotteau.

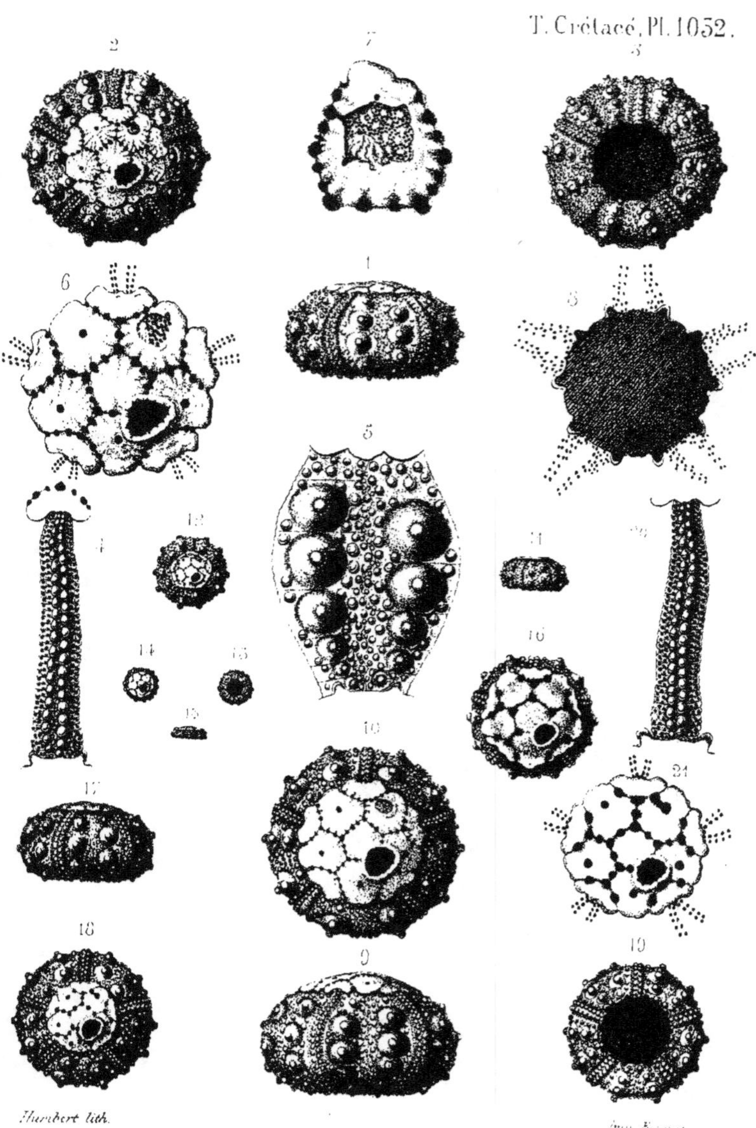

Salenia Prestensis, Desor.

Humbert lith.

Imp. Becquet

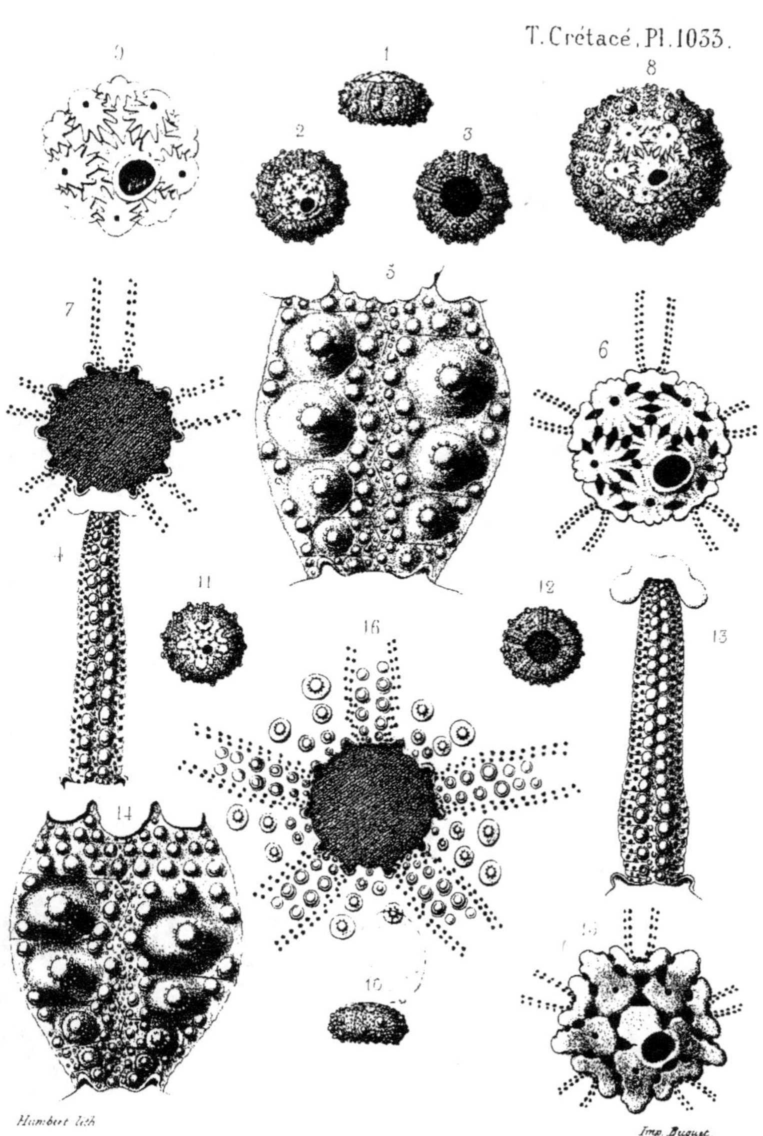

1 – 9. *Salenia Prestensis, Desor.*
10 – 16. *S. ____ Grasi, Cotteau.*

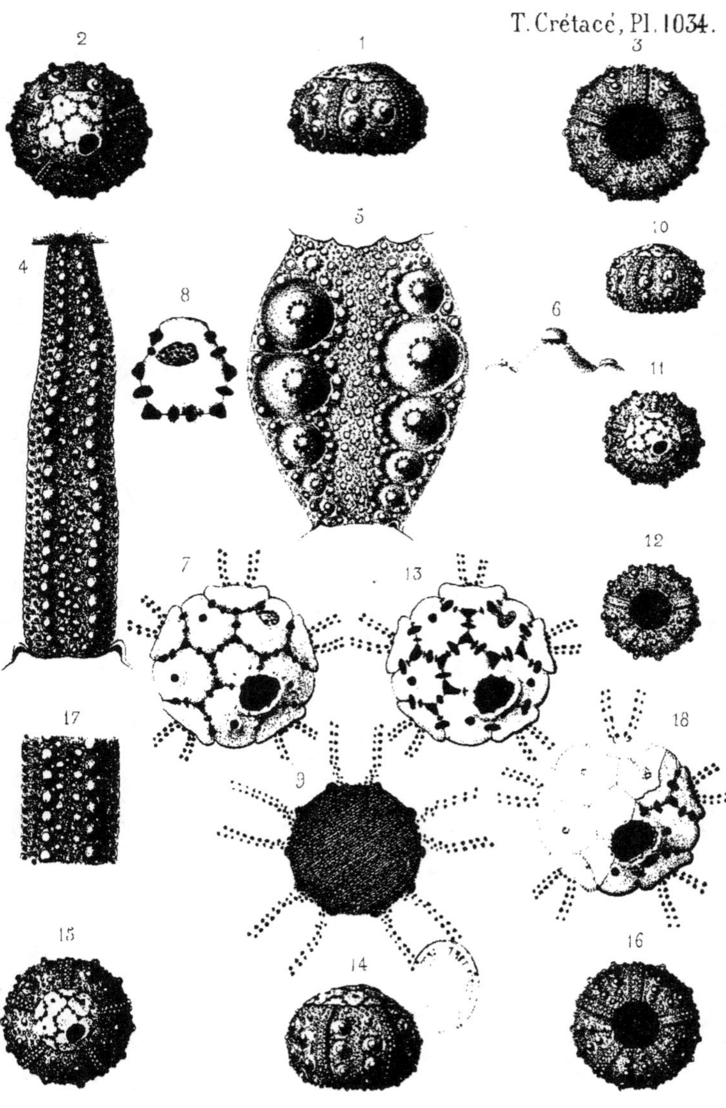

Salenia petalifera, Agassiz.

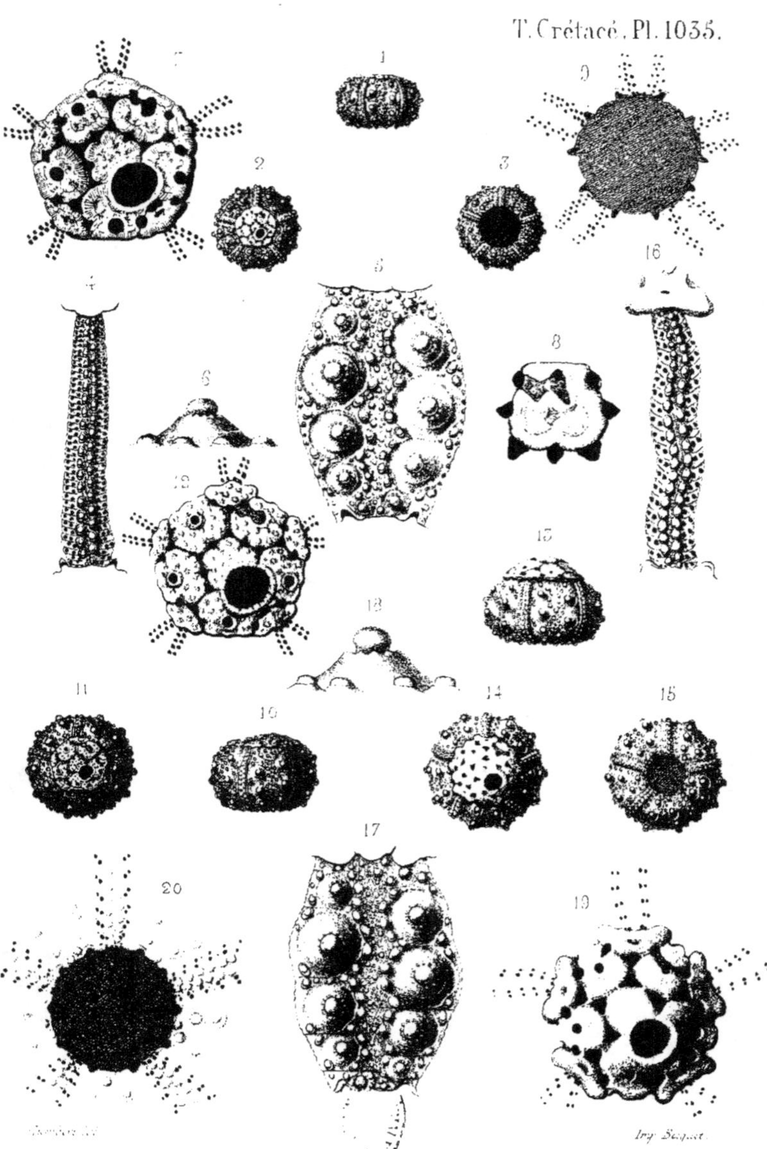

1 - 12. Salenia rugosa, d'Archiac.
13 - 20. S. —— gibba, Agassiz.

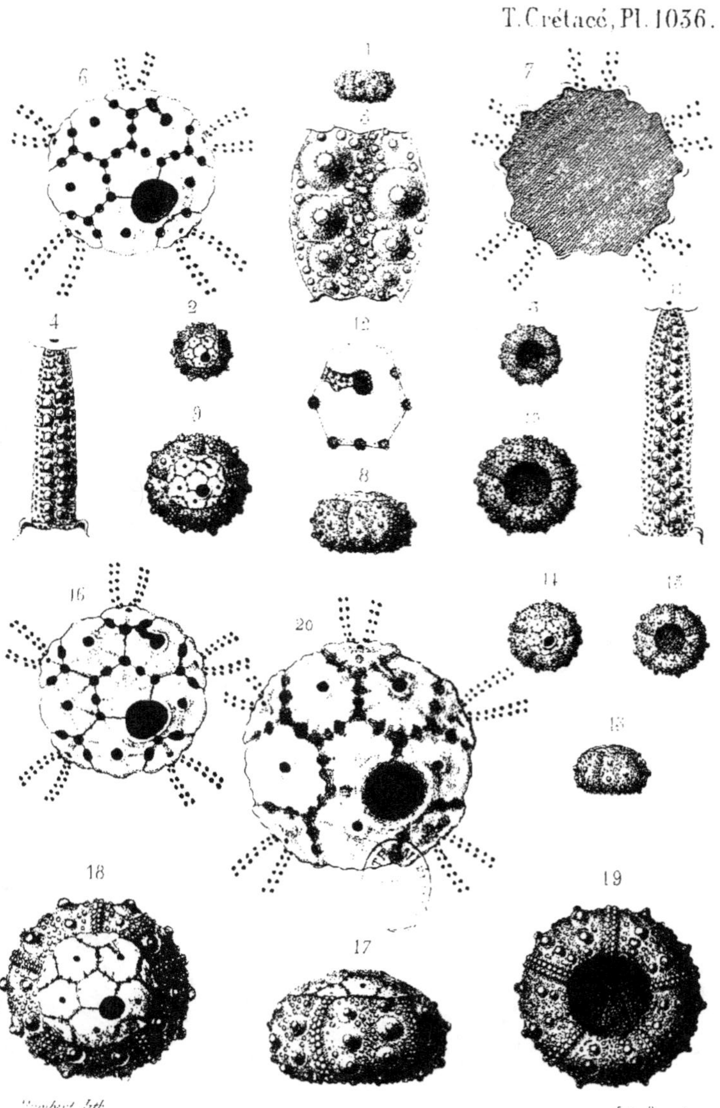

Salenia scutigera , Gray.

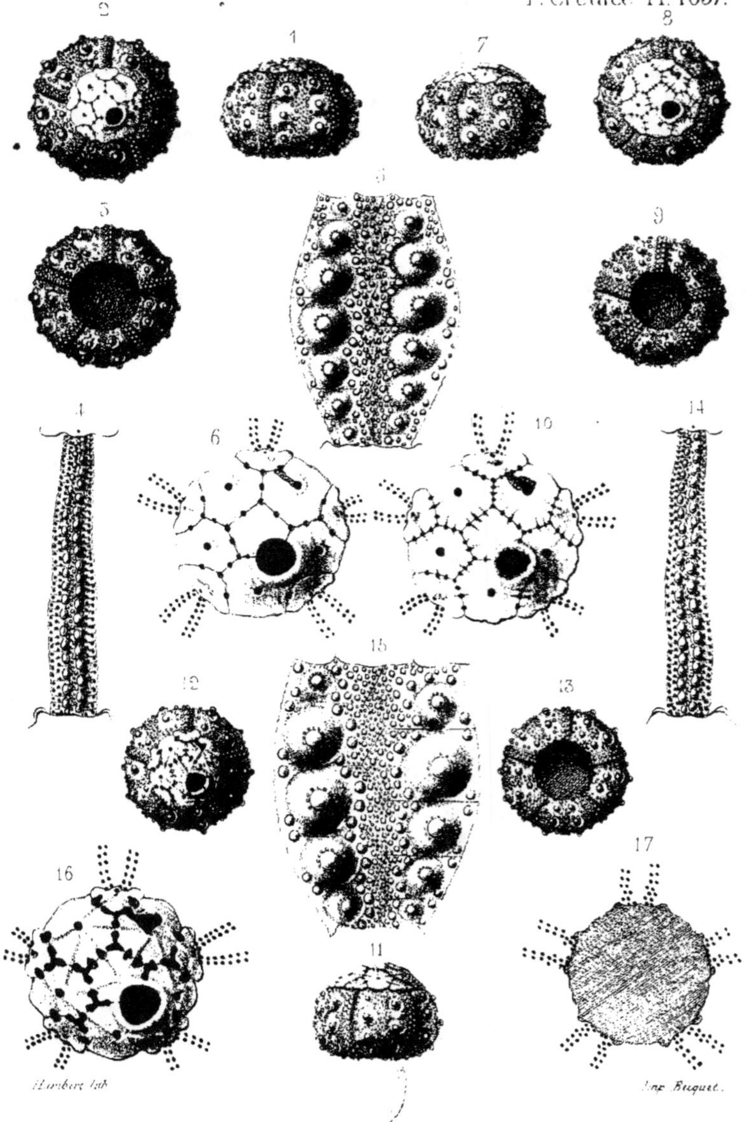

1 _ 10. *Salenia scutigera*, Gray.

11 _ 17. *S. ——— trigonata*, Agassiz.

Salenia Bourgeoisi, Cotteau.

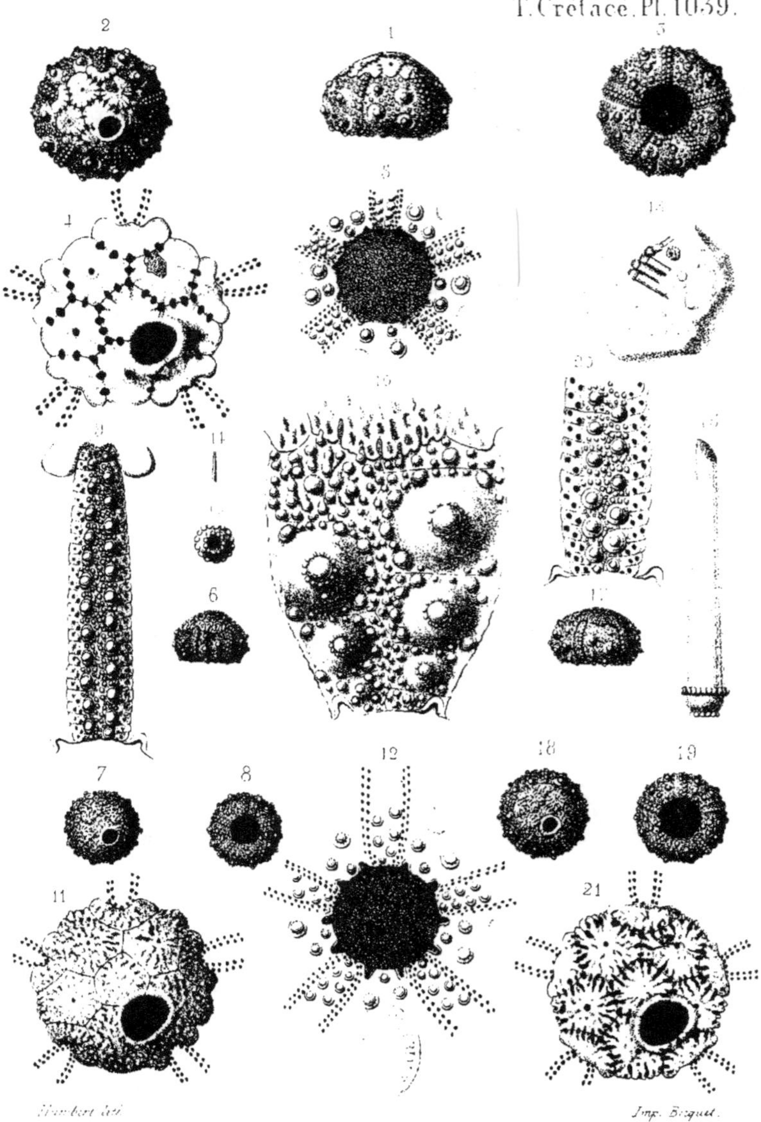

1 _ 5. *Salenia anthophora*, *Muller*.
6 _ 21. *S. ________ granulosa*, *Forbes*.

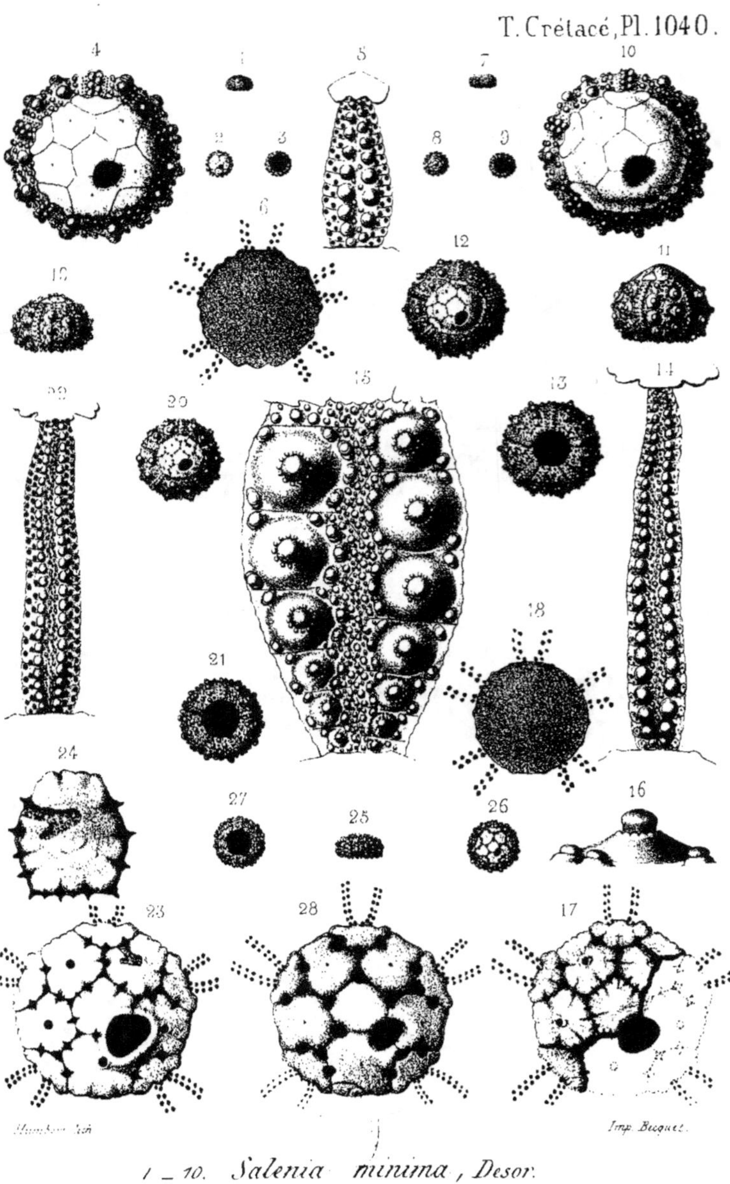

1 _ 10. *Salenia minima*, Desor.

11 _ 24. S.————— *Heberti*, Cotteau.

25 _ 28. S.————— *Bourgeoisi*, Cotteau.

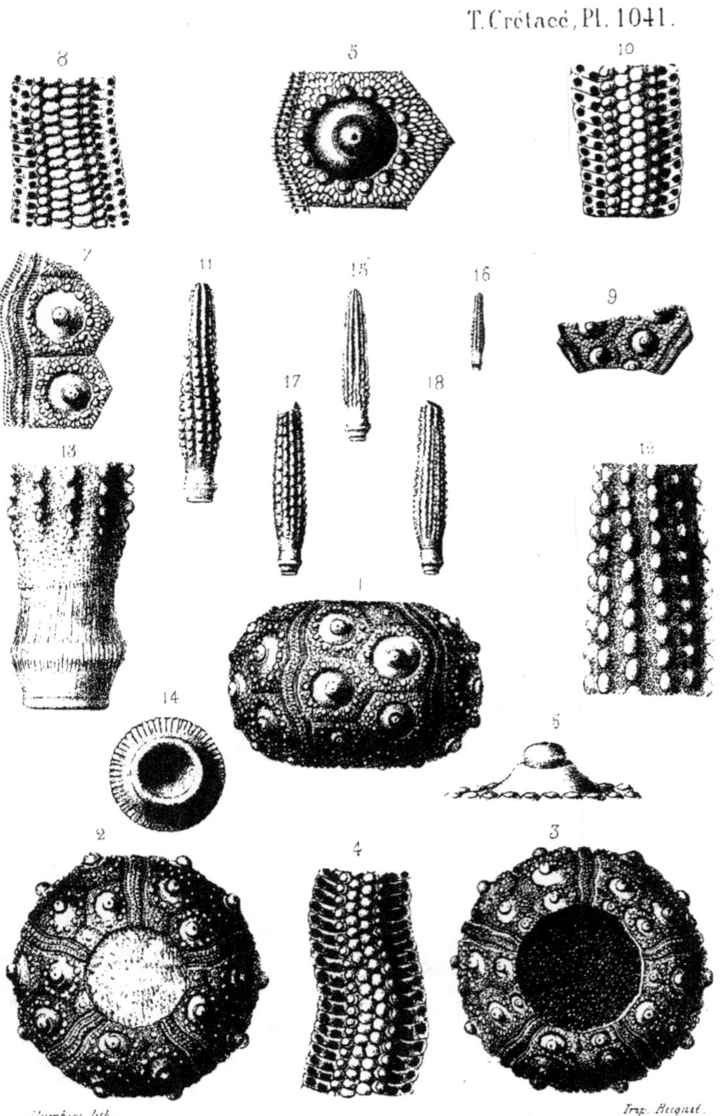

Cidaris pretiosa, Desor.

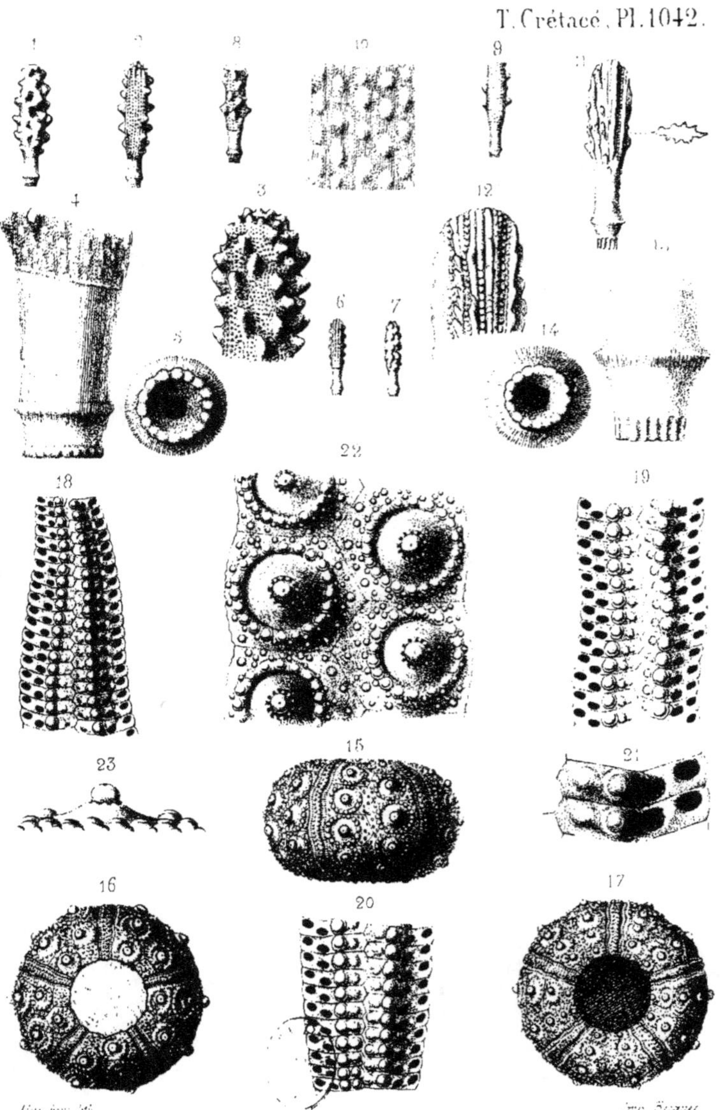

1 _ 10. *Cidaris pustulosa*, A. Gras.

11 _ 14. C._____ *Meridanensis*, Cotteau.

15 _ 23. C._____ *Loryi* Cotteau.

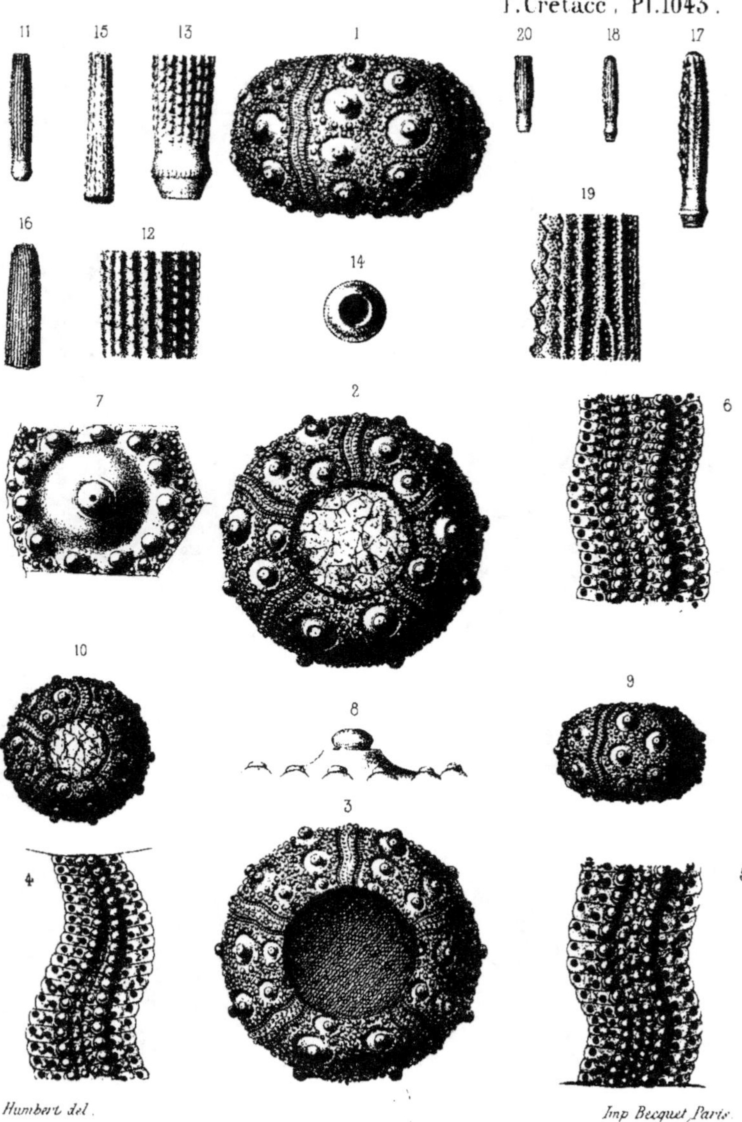

Cidaris Lardyi, Desor.

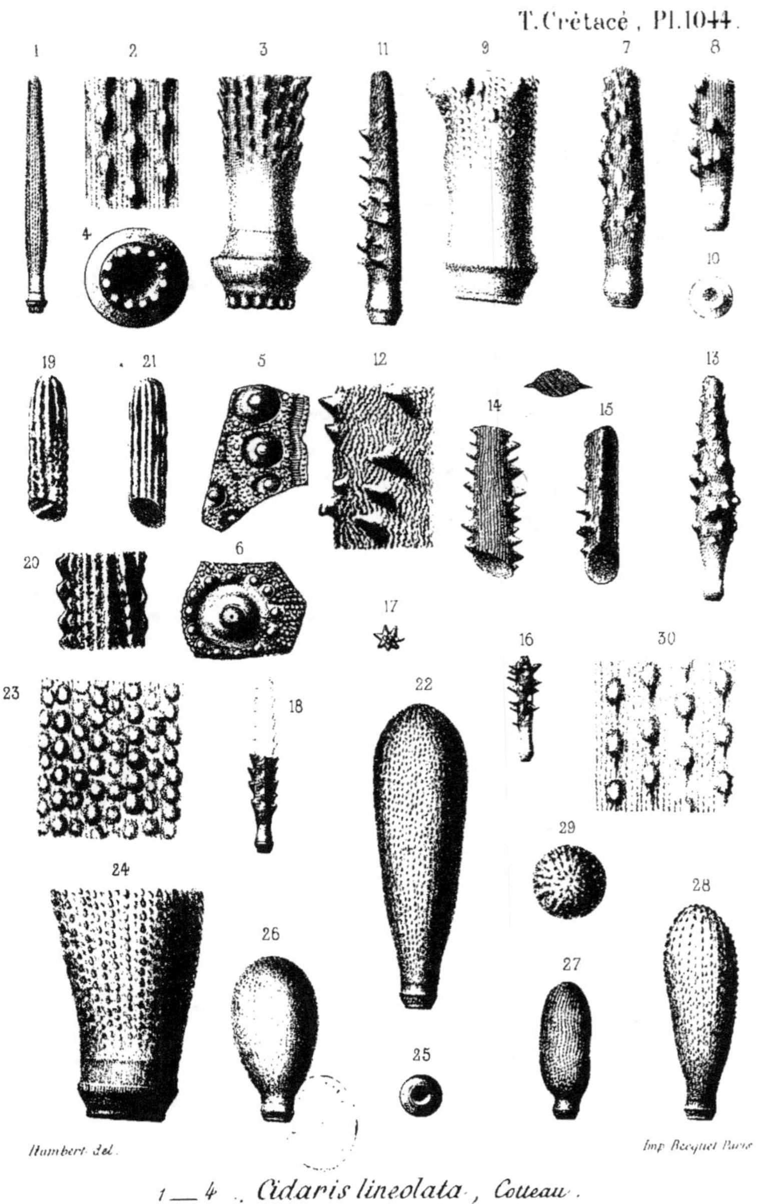

1 — 4 . *Cidaris lineolata* , Cotteau .
5 — 18 . C______ *muricata* , Rœmer .
19 — 21 . C______ *Neocomiensis* , Marcou .
22 — 30 . C______ *punctatissima* . Agassiz .

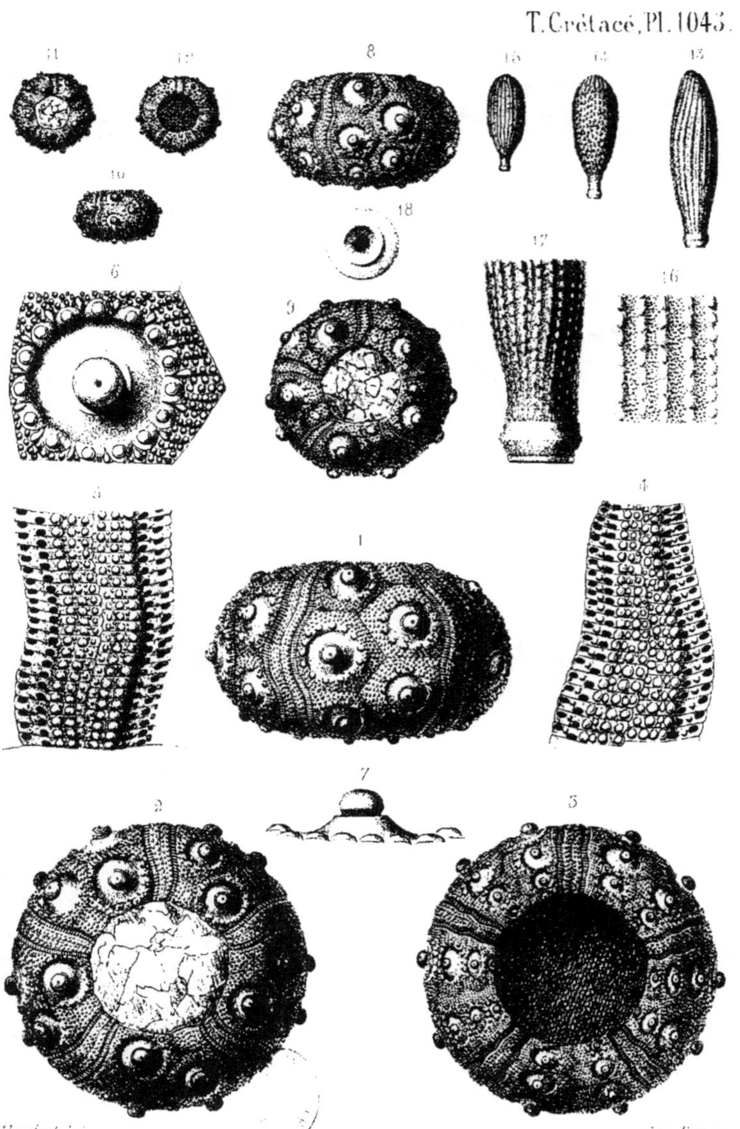

1...12. *Cidaris malum*, A. Gras.
13...18. C. ——— *ryzacantha*, A. Gras.

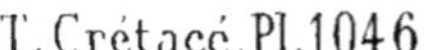

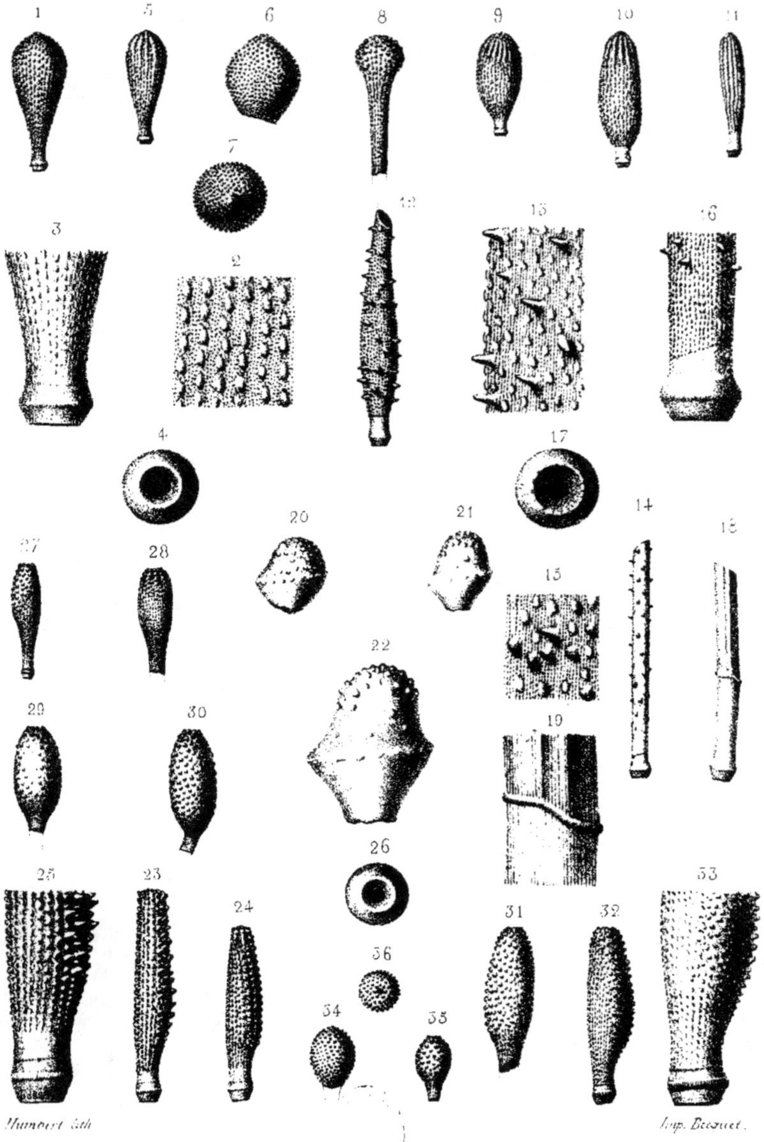

1 _ 11. *Cidaris pilum*, Michelin. 20 _ 22. *Cidaris problematica*, Cotteau.
12 _ 19. *C. —— spinigera*, Cotteau. 23 _ 36. *C. —— heteracantha*, A. Gras.

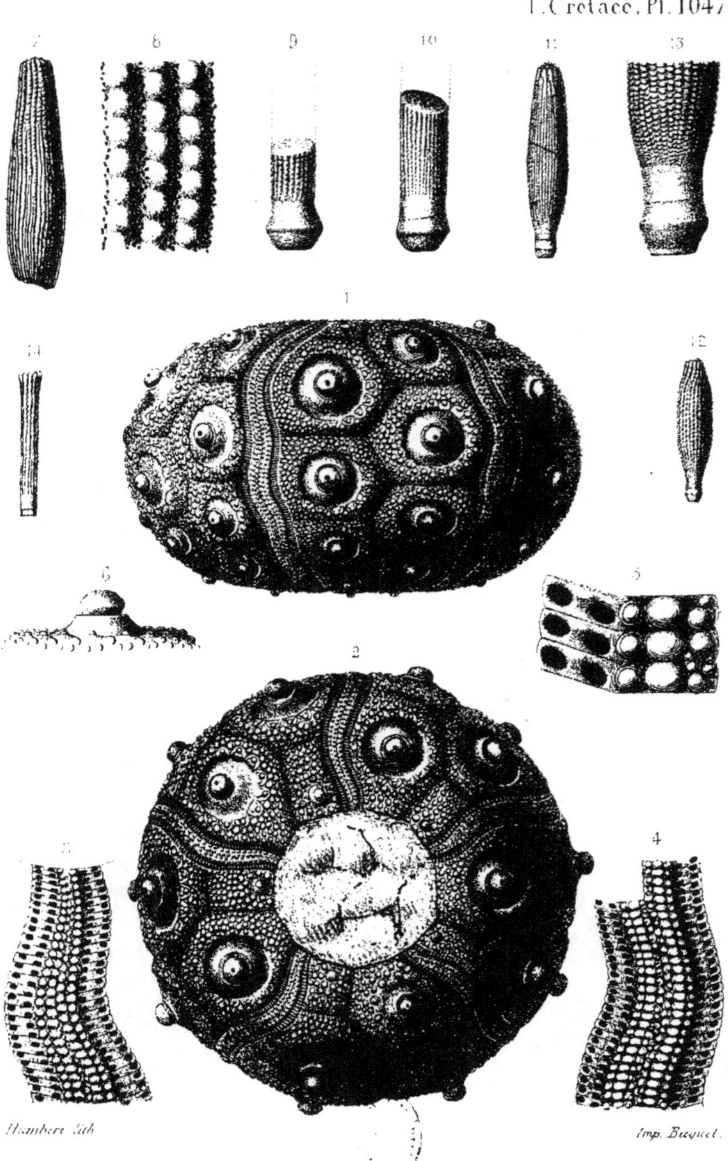

Cidaris Pyrenaica, Cotteau.

Humbert lith.

Imp. Becquet.

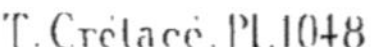

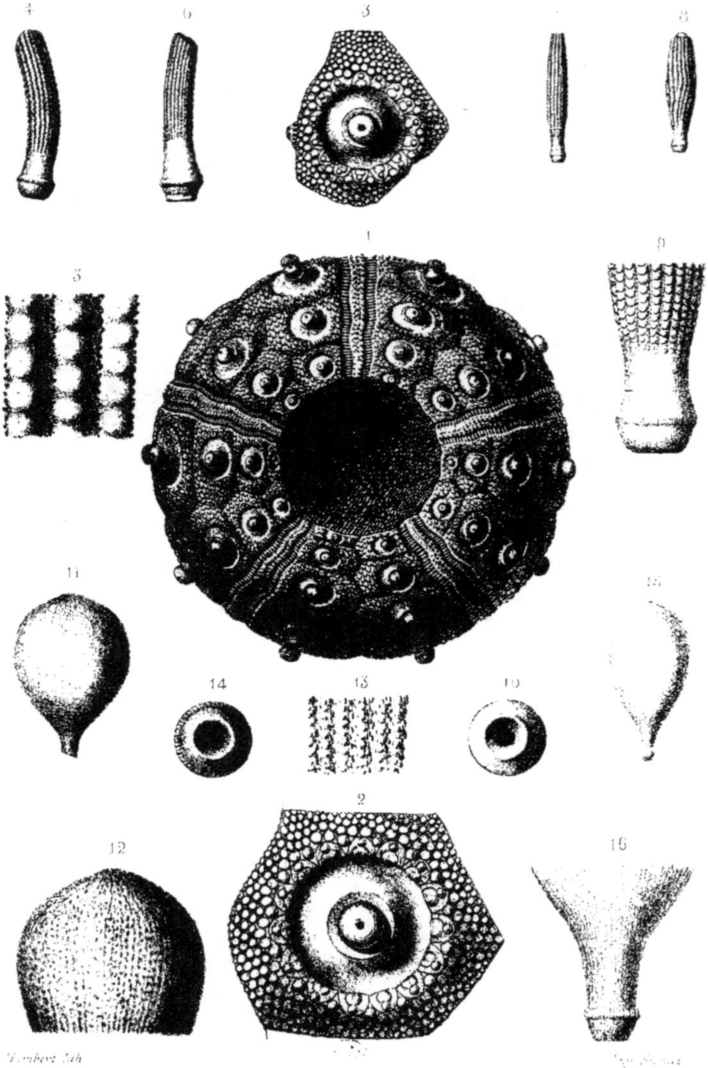

1 – 10. *Cidaris Pyrenaica, Cotteau.*
11 – 16. *C. — Cydonifera, Agassiz.*

1 _ 4. *Cidaris Lardyi*, Desor.
3 _ 10. *C.______ Alpina*, Cotteau.
11 _ 14. *C.______ insignis*, A. Gras.

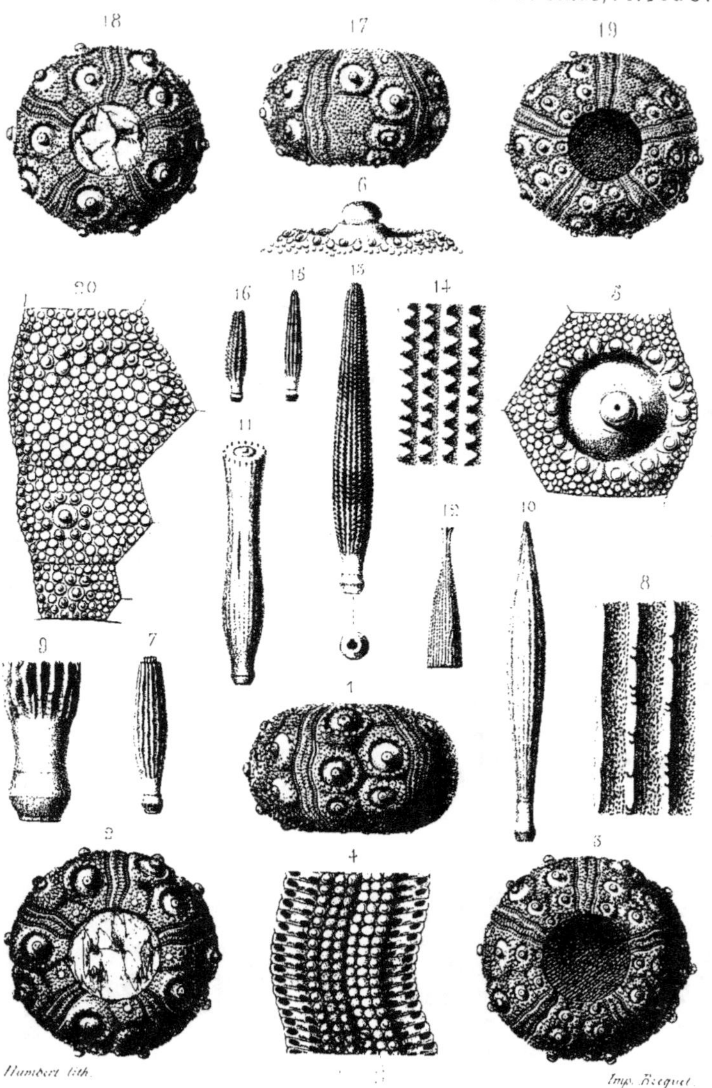

Cidaris vesiculosa, Goldfuss.

Humbert lith.

Imp. Becquet.

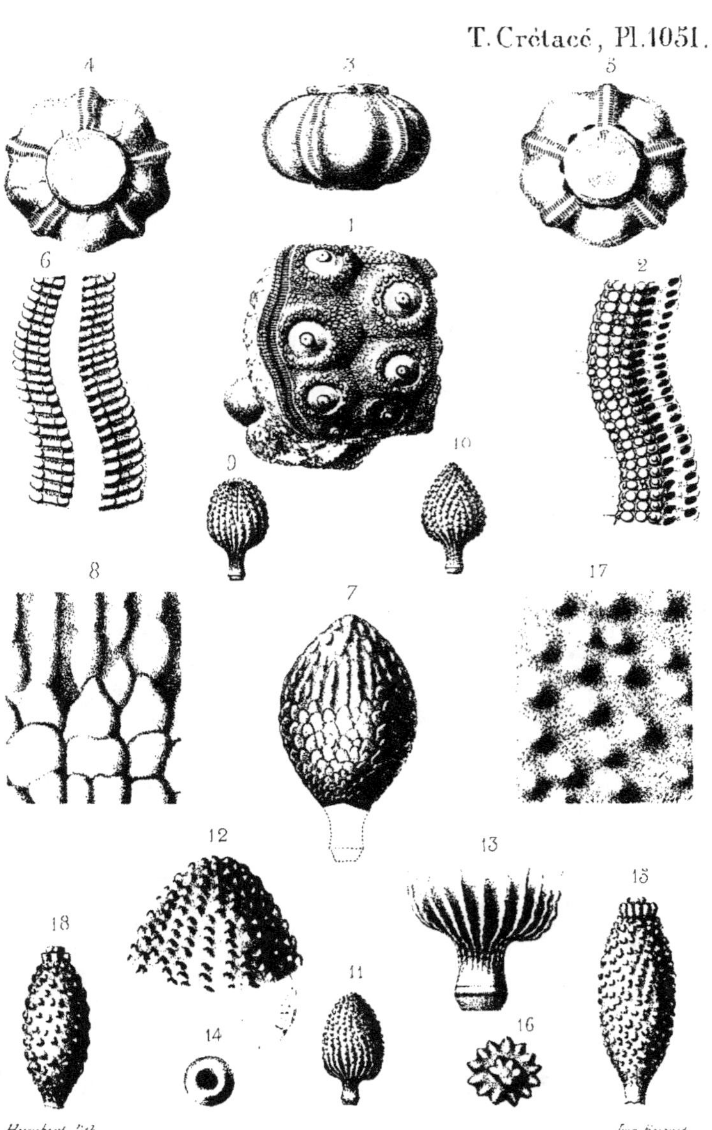

Humbert lith.

Imp. Becquet.

1—6. *Cidaris vesiculosa, Goldfuss.* 9—14. *Cidaris sorigneti, Deser.*
7—8. *C.* — *Dixoni, Cotteau.* 15—18. *C.* — *gibberula Agassiz.*

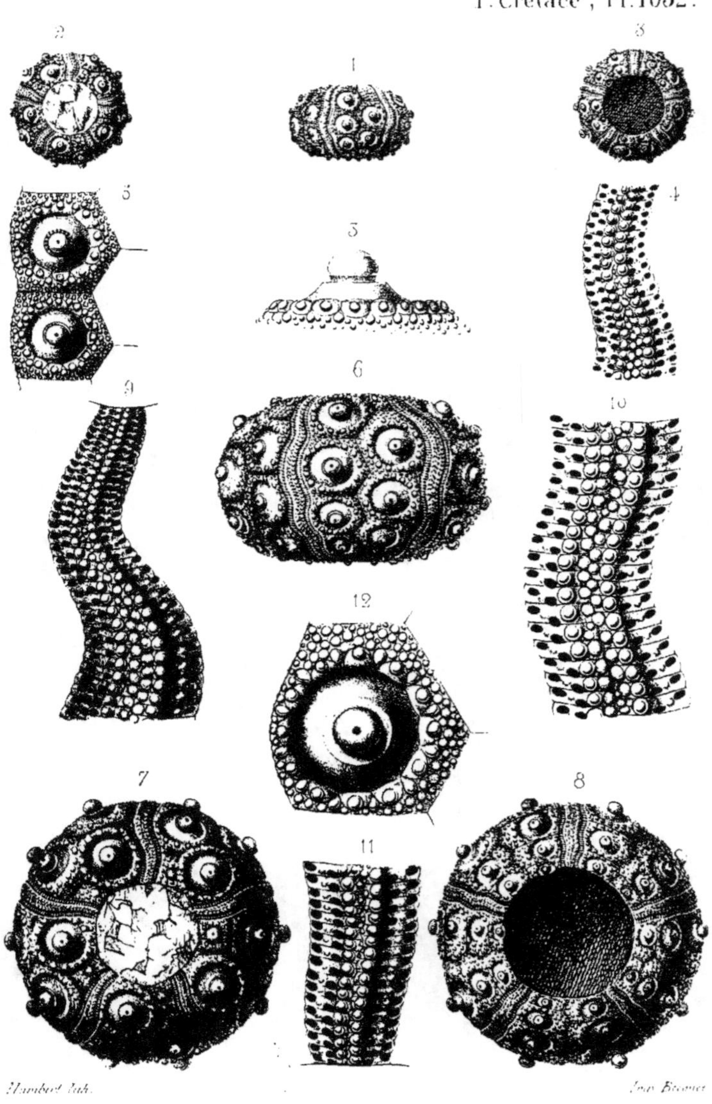

Cidaris Cenomanensis, Cotteau.

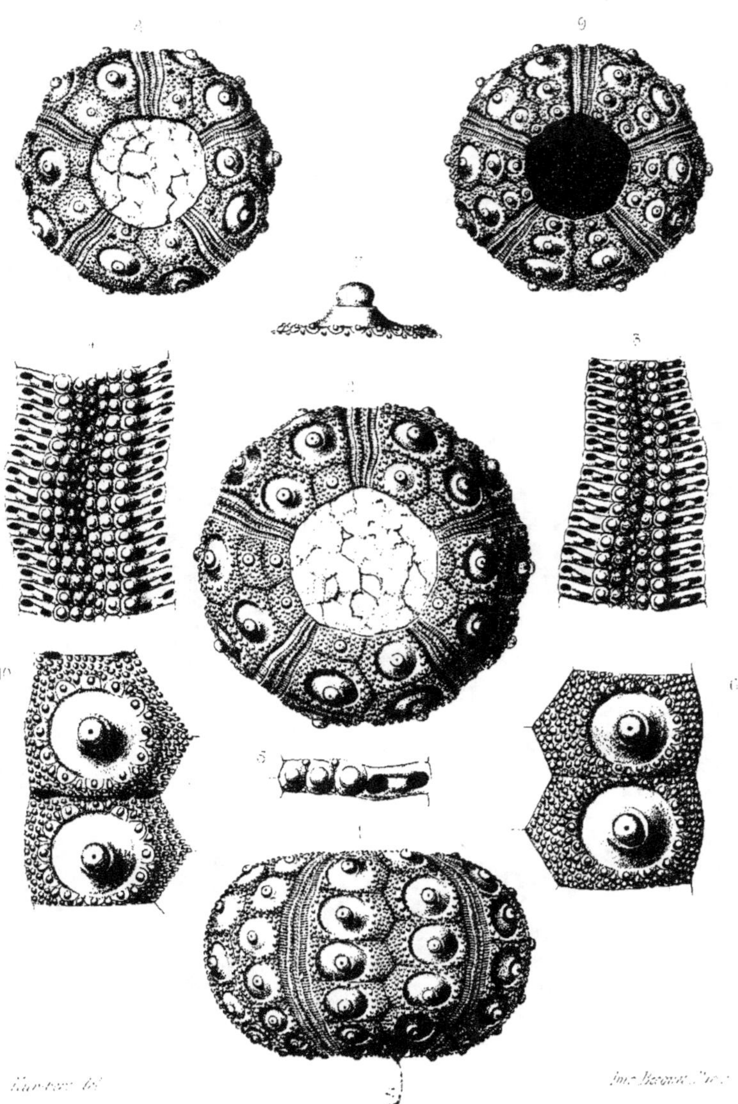

Cidaris Rhotomagensis Cotteau (T. Crétacé)

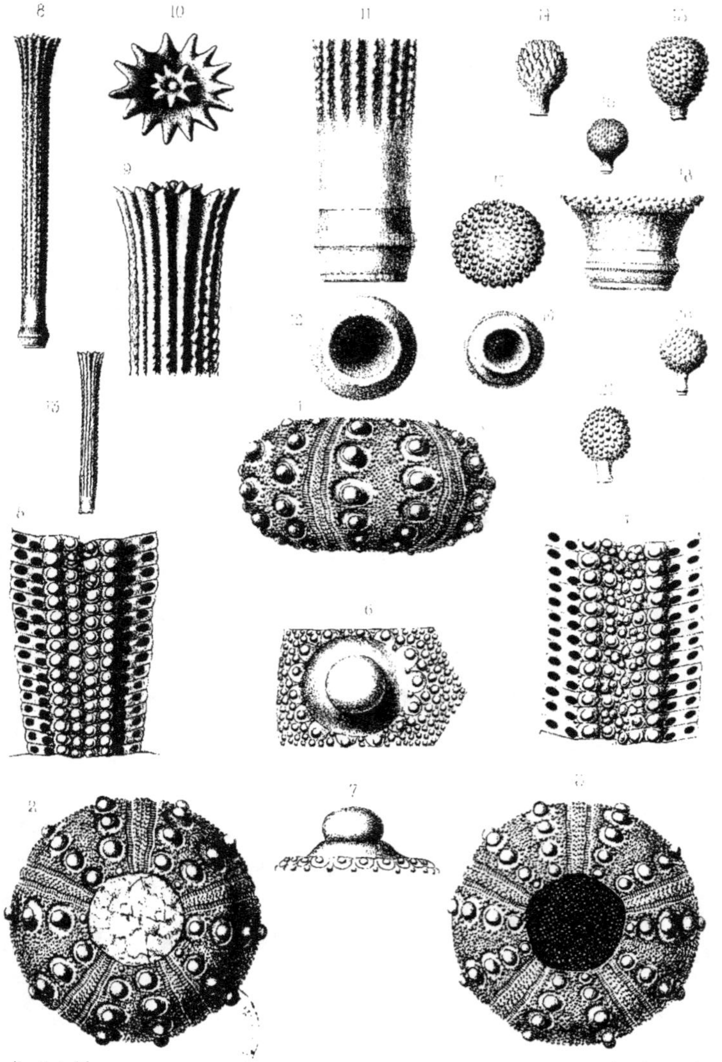

Hortet del.   Imp. Becquet, Paris.

1—7.   Cidaris gibberula   Agassiz.   (Et. Cénom.)
8—13. C.   uniformis   Sorignet.   id.
14—21. C.   velifera   Bronn.   id.

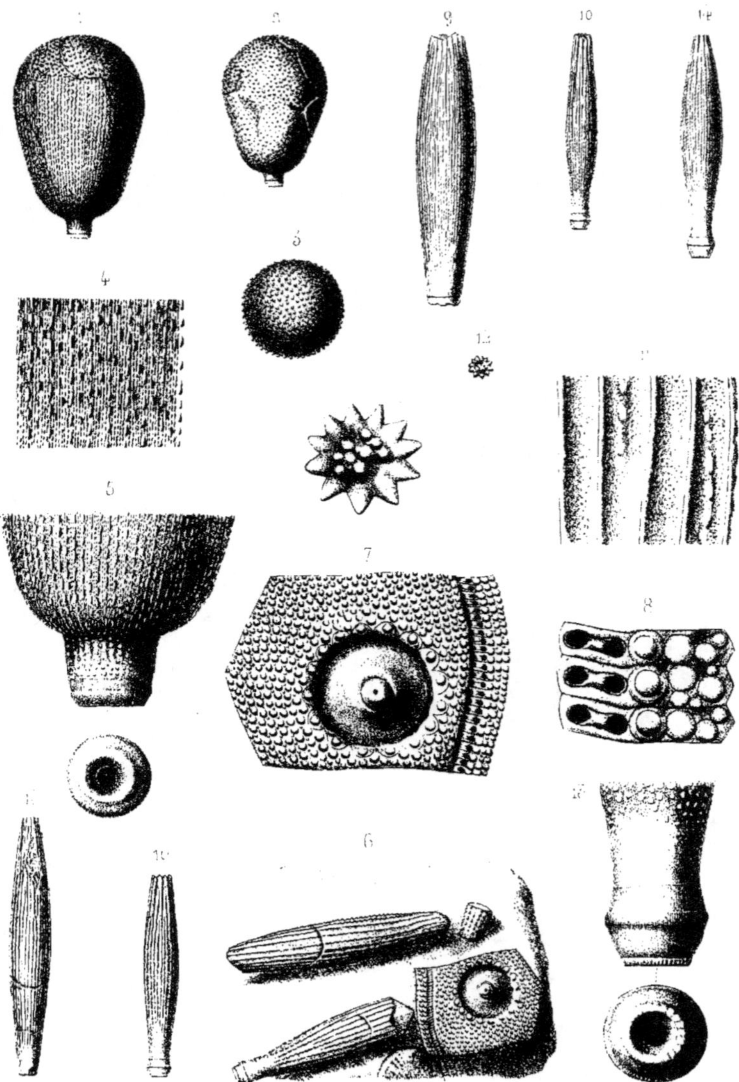

Humbert del.

Imp. Becquet, Paris.

1 — 5 . *Cidaris Berthelini* , Cotteau (Cénom.)
6 . 16 . C. ——— *hirudo* , Sorignet (Cénom. et Sénon)

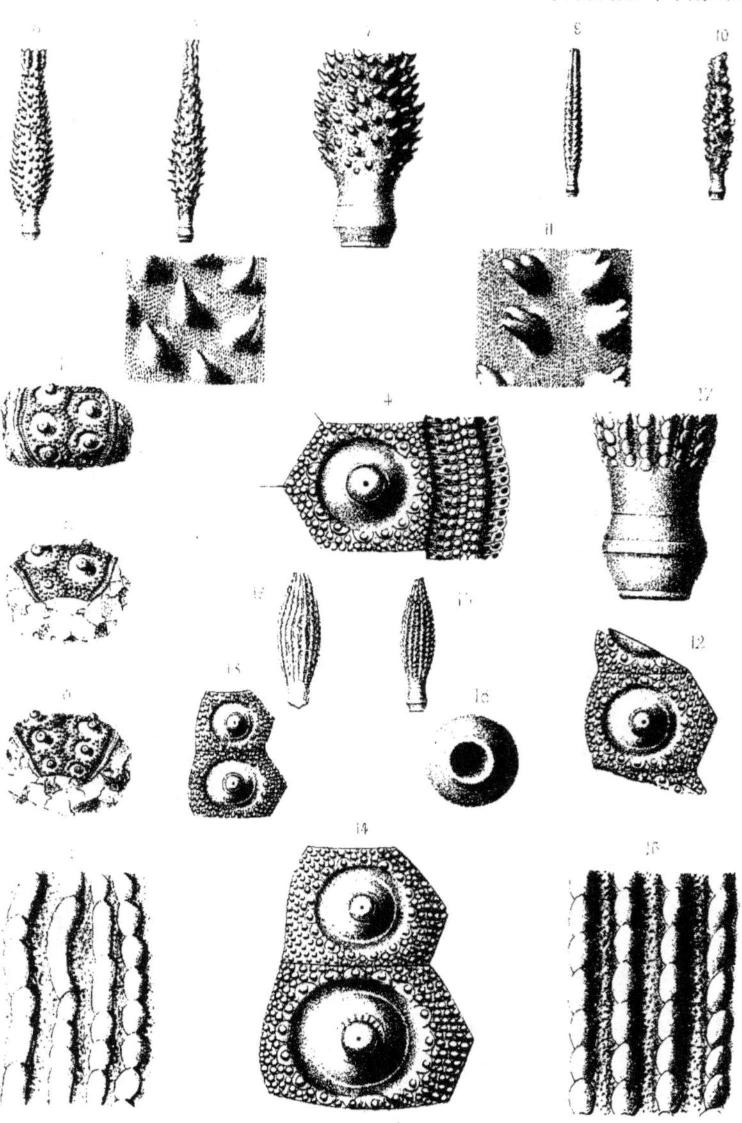

1-11. *Cidaris lagocrensis* (Cotteau . Thur.)
12-17. *C.* *fusiformis*   id   id.

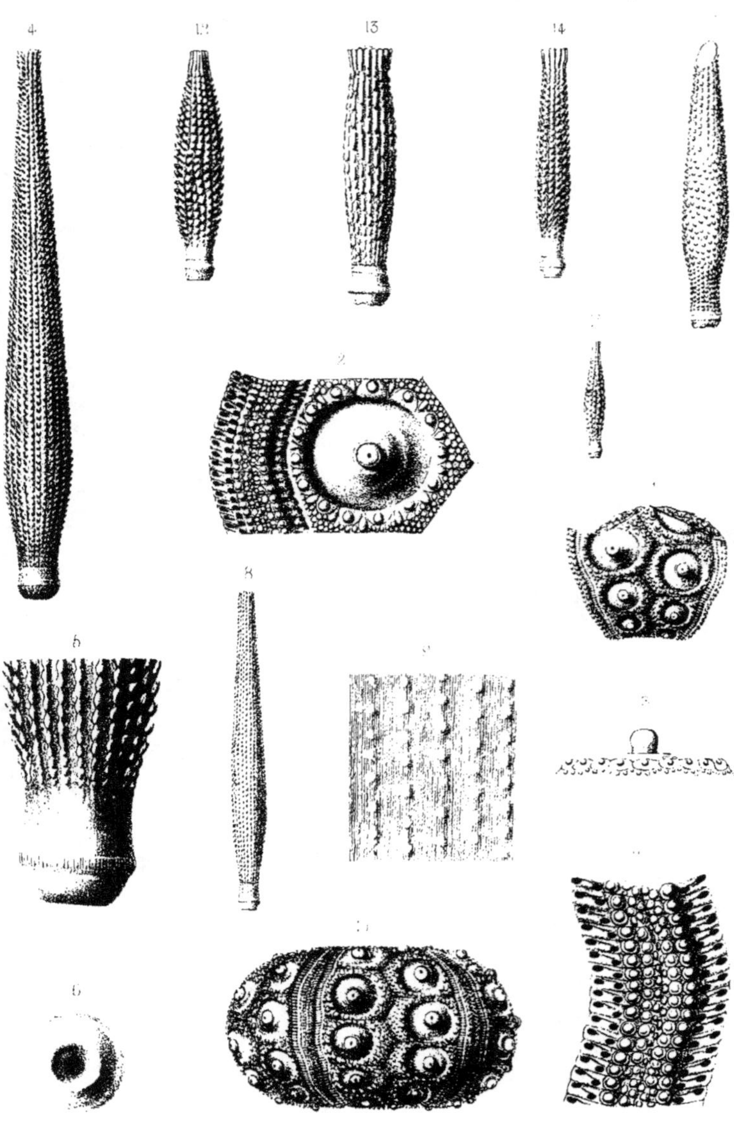

Cidaris sceptrifera Mantell (Var. a ?)

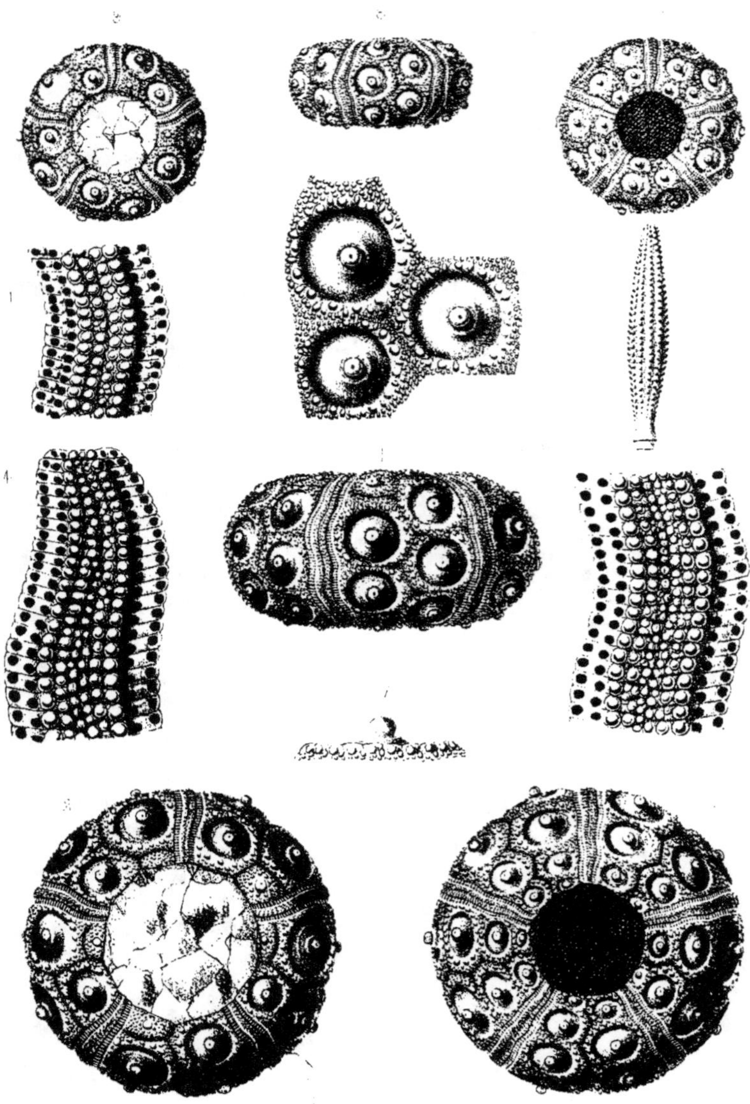

Cidaris sceptrifera Mantell. 1800.

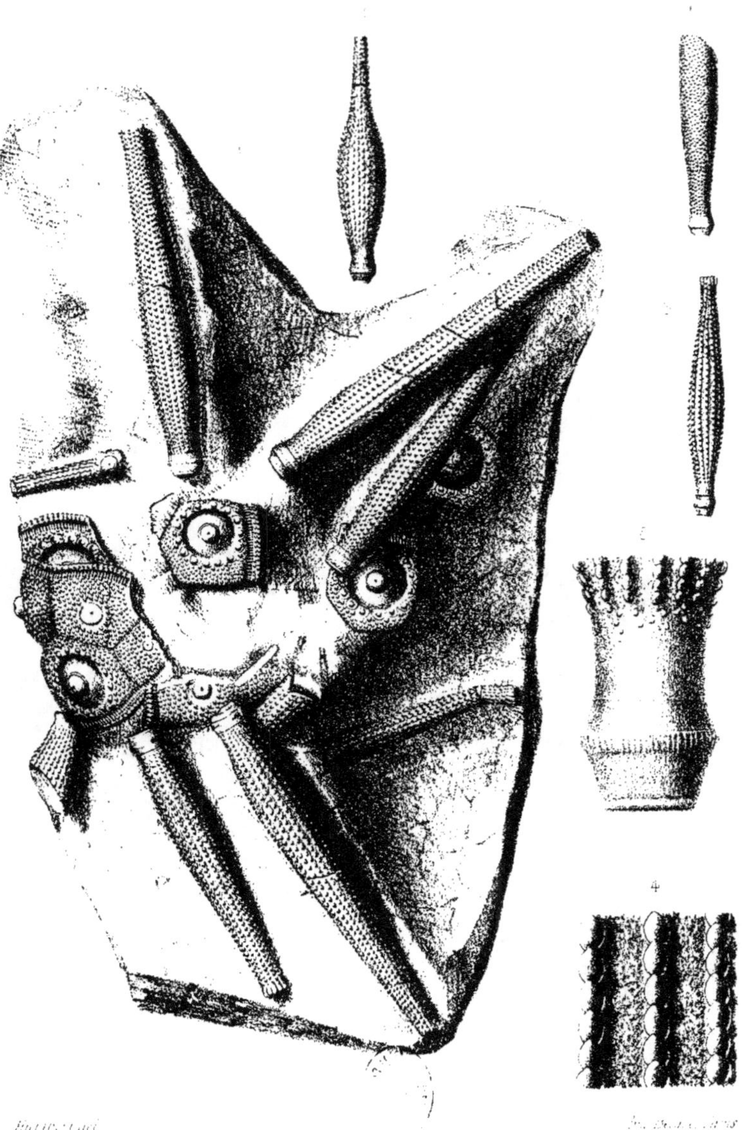

Cidaris sceptrifera. Mantell. Sin.

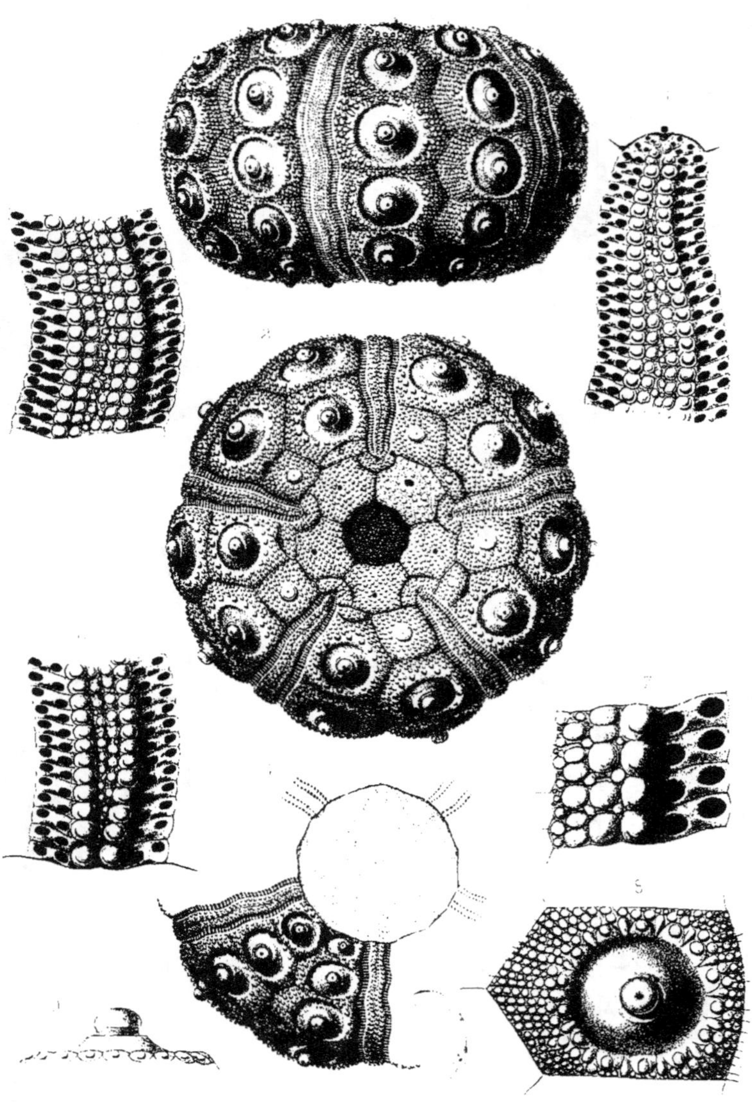

Cidaris sub-vesiculosa. d'Orbigny.

Cidaris sub vesiculosa, d'Orbigny (Agass.)

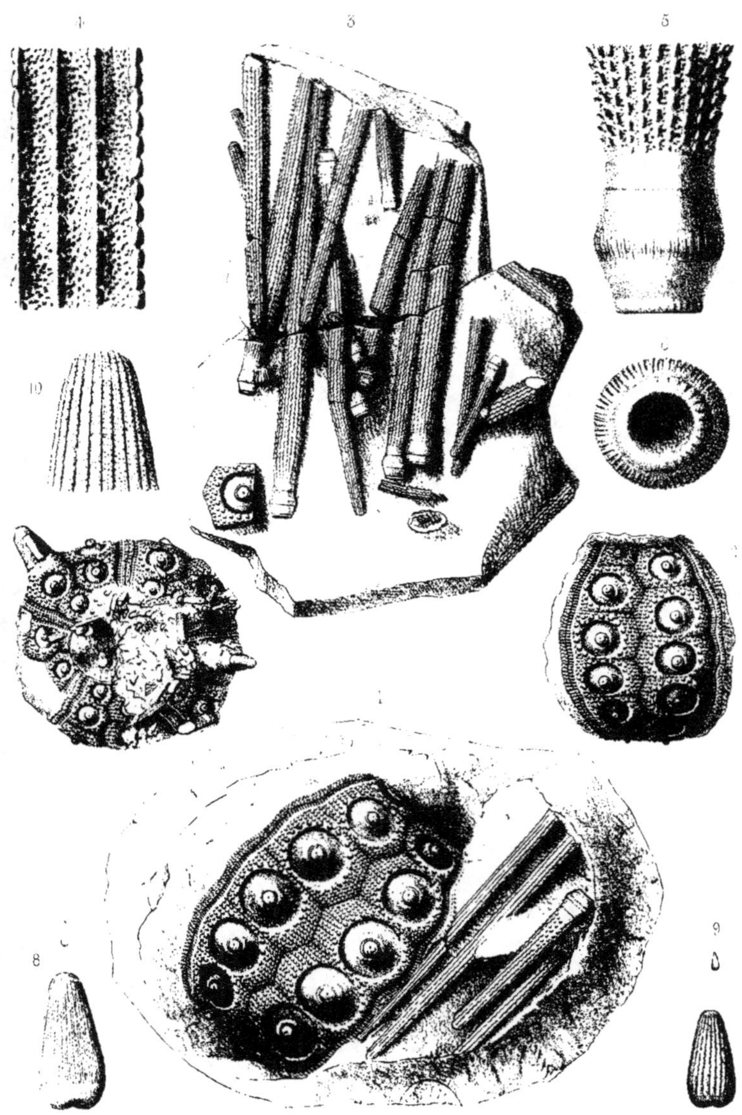

Cidaris sub-vesiculosa. d'Orbigny 1854.

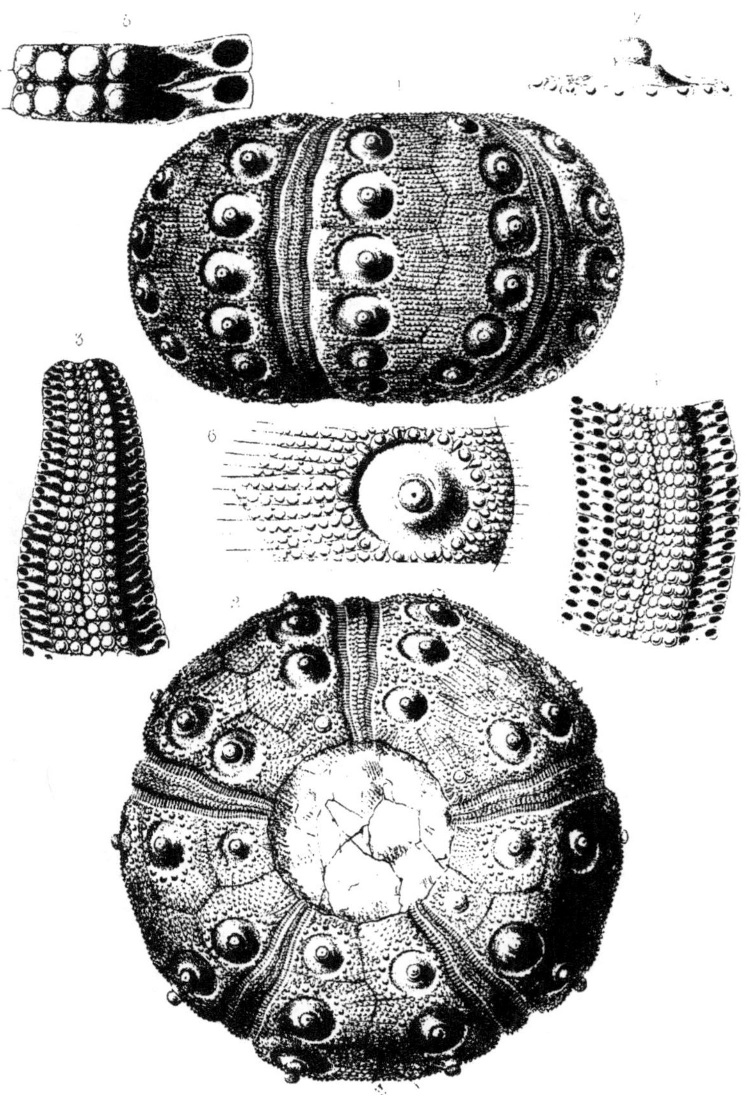

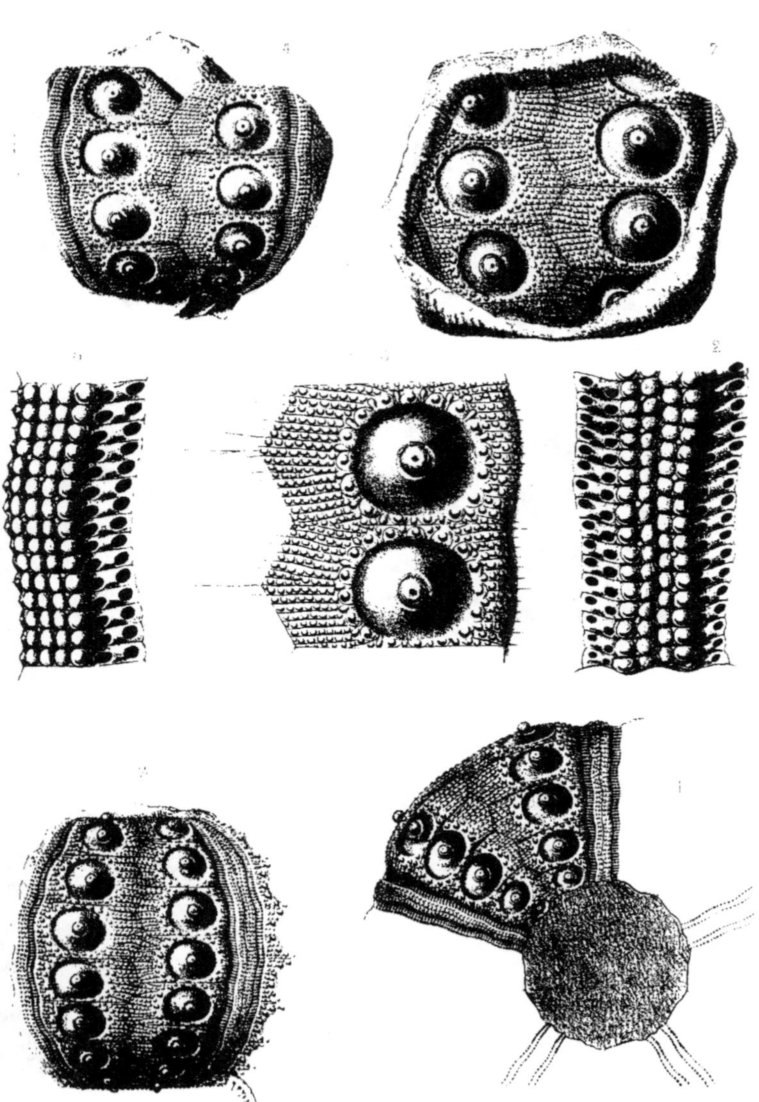

Cidaris perlata Serrance.

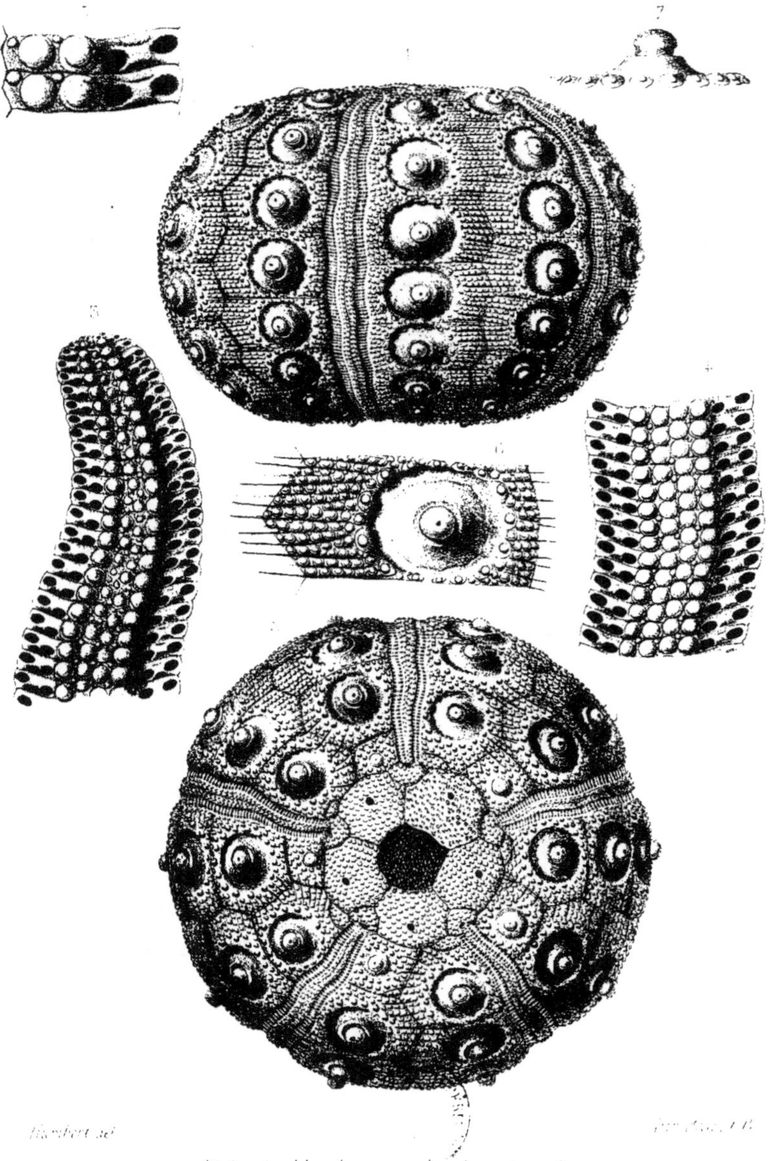

Cidaris Vendocinensis. (Agass. 1840.)

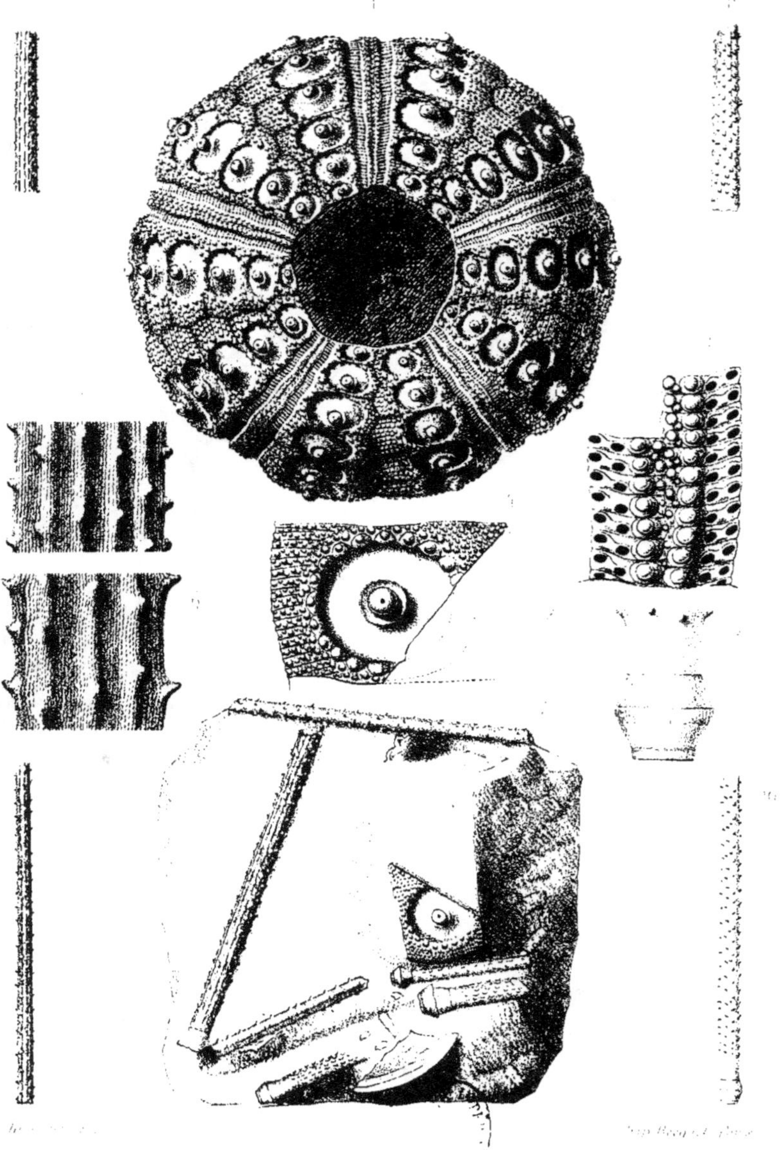

Cidaris Vendocinensis . Agassiz . Sue
à C. perornata . Forbes . Ind.

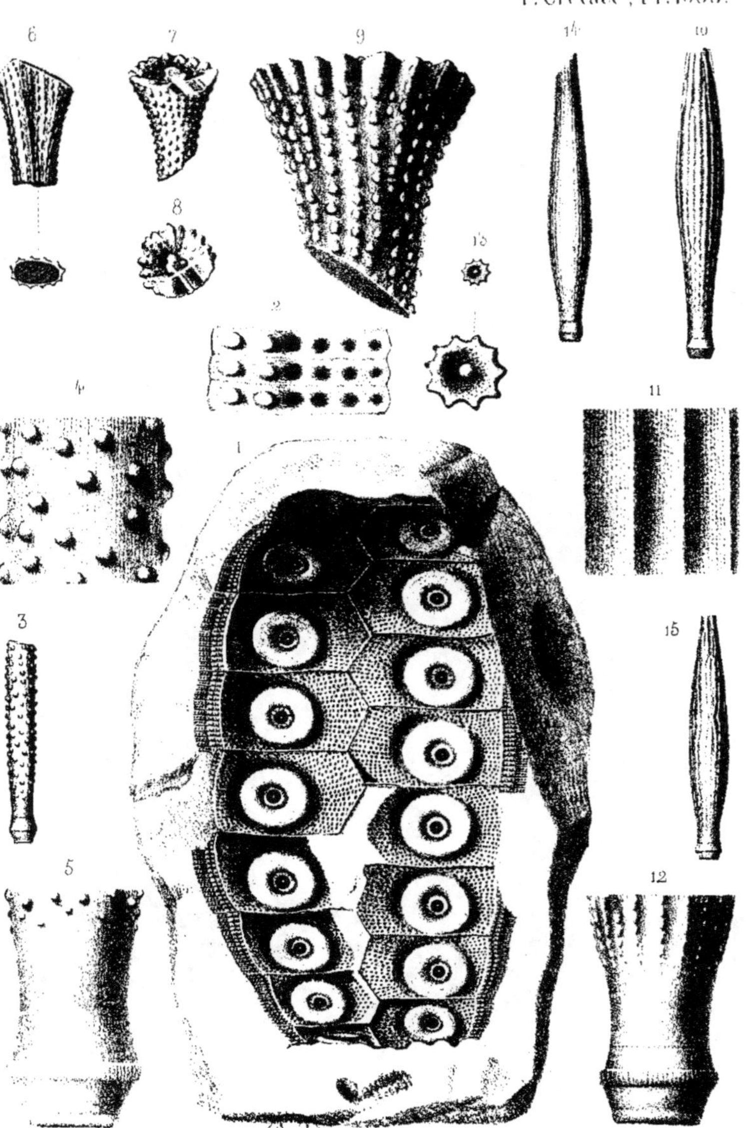

Humbert del.

Imp. Becquet, Paris.

1 _ 2   Cidaris perlata, Sorignet. (Sén.)
3 _ 9 . C. ____ pistillum, Quenstedt, id.
10 _ 15   C. ____ pseudo-hirudo, Cotteau, id.

Cidaris cretosa. Morris. (Sowerby.)

Cidaris Merceyi. Cotteau, 1866.

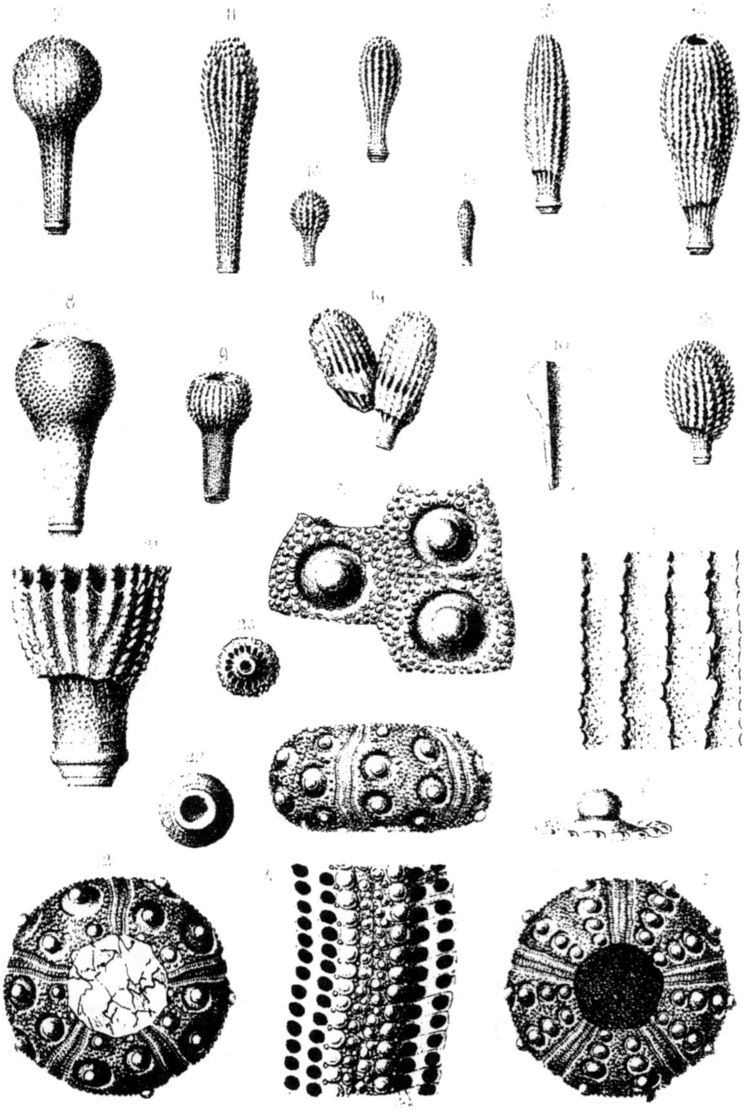

Cidaris clavigera

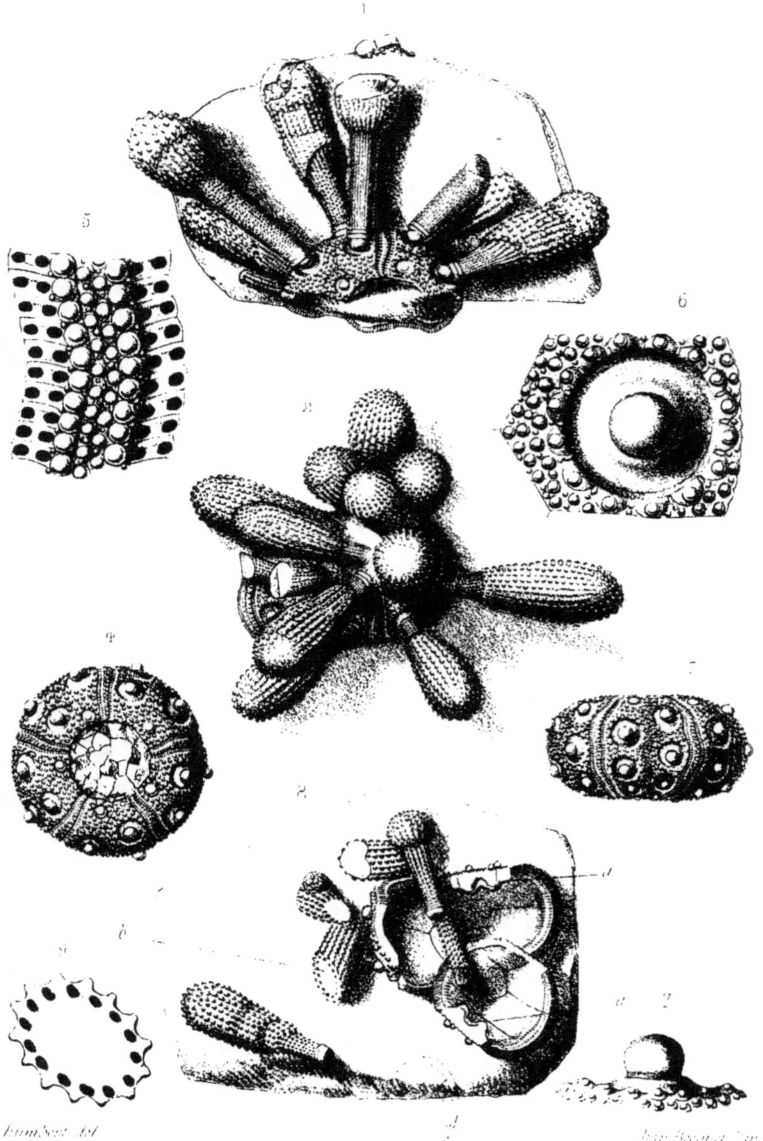

Cidaris clavigera. (Harniah. Sea.)

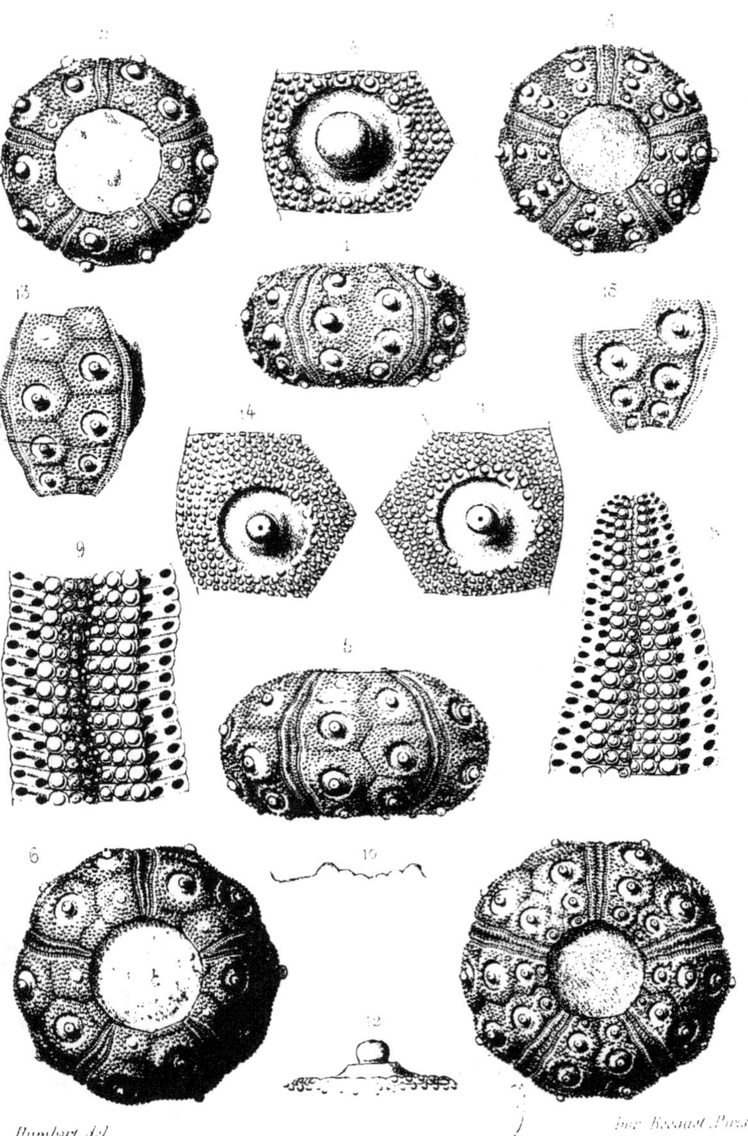

Humbert del.

Imp. Becquet, Paris.

1—4. *Cidaris clavigera*, Kœnig. (Sen.)
5—15. C. *serrifera*, Forbes. id.

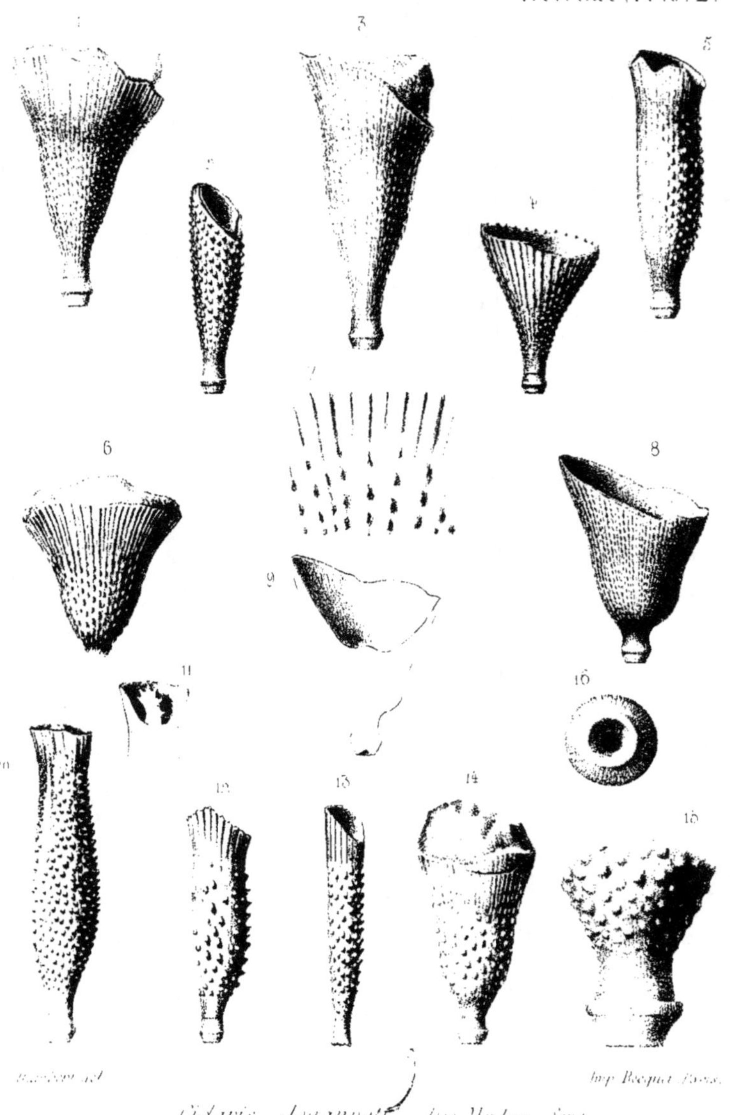

Cidaris Jouannetti . Des Moulins . Ser.

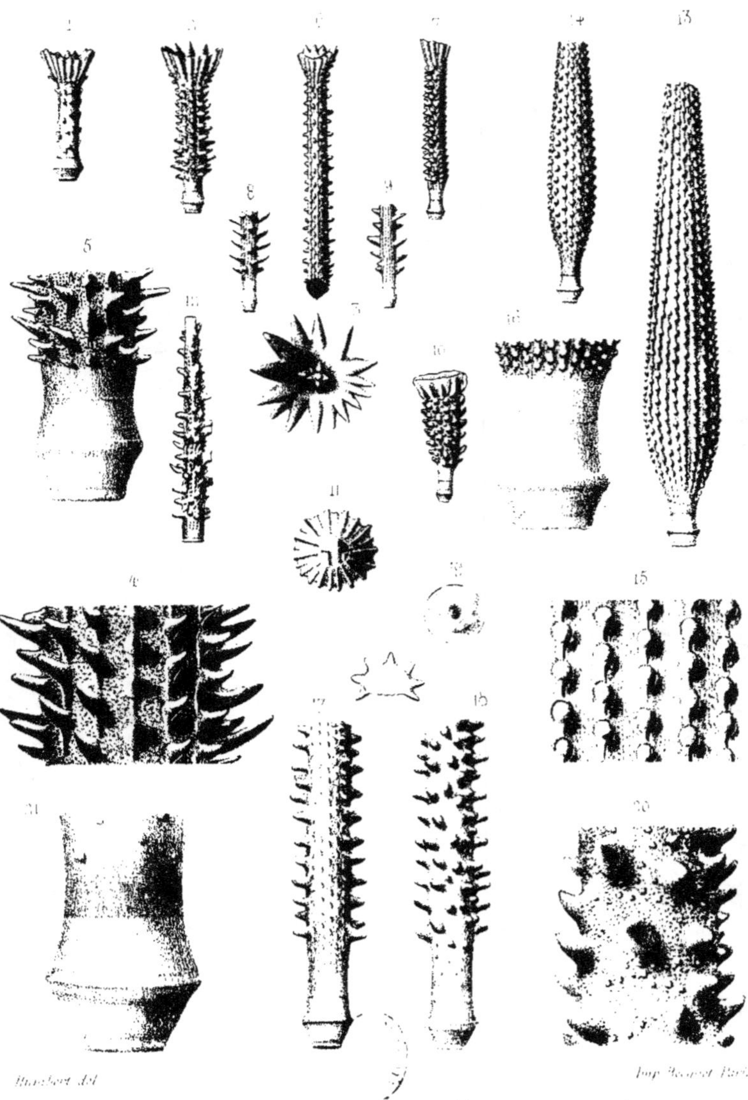

1 - 12. *Cidaris pseudo-pistillum*, Cotteau , Sens
13 - 16. C. *filamentosa* Agassiz , 1840
17 - 20. C. *spinosissima* Agassiz , 1840

Humbert del.   Imp. Becquet Paris

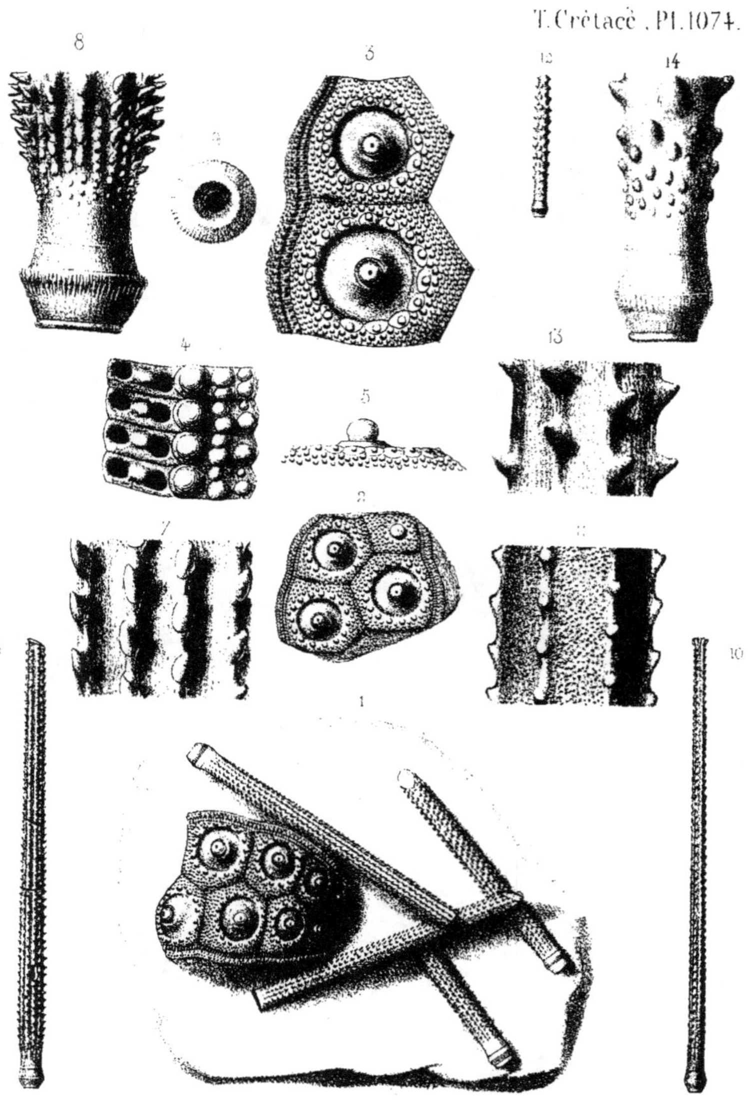

1—11 . Cidaris serrata, Desor. (Sén.)
12—14 . C. —— leptacantha . Agassiz (id.)

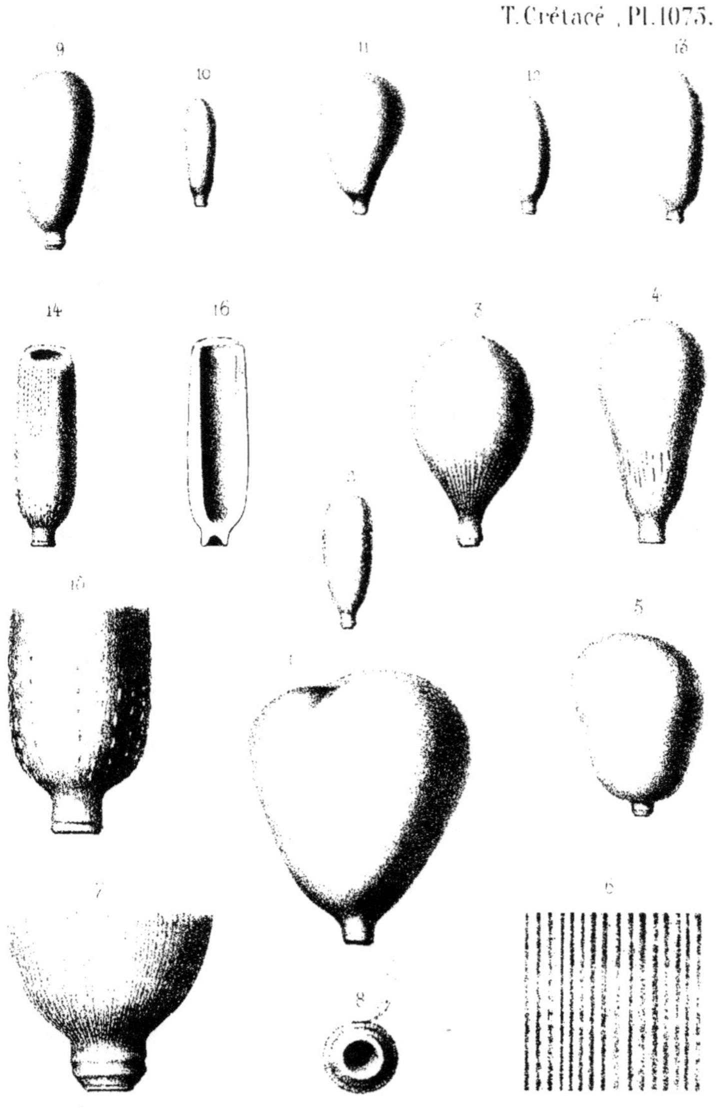

Humbert del.

Imp. Becquet. Paris

1 _ 13 . *Cidaris pleracantha* . Agassiz . (Sén.)
14 _ 16 . C. ——— *excavata* . Cotteau . id.

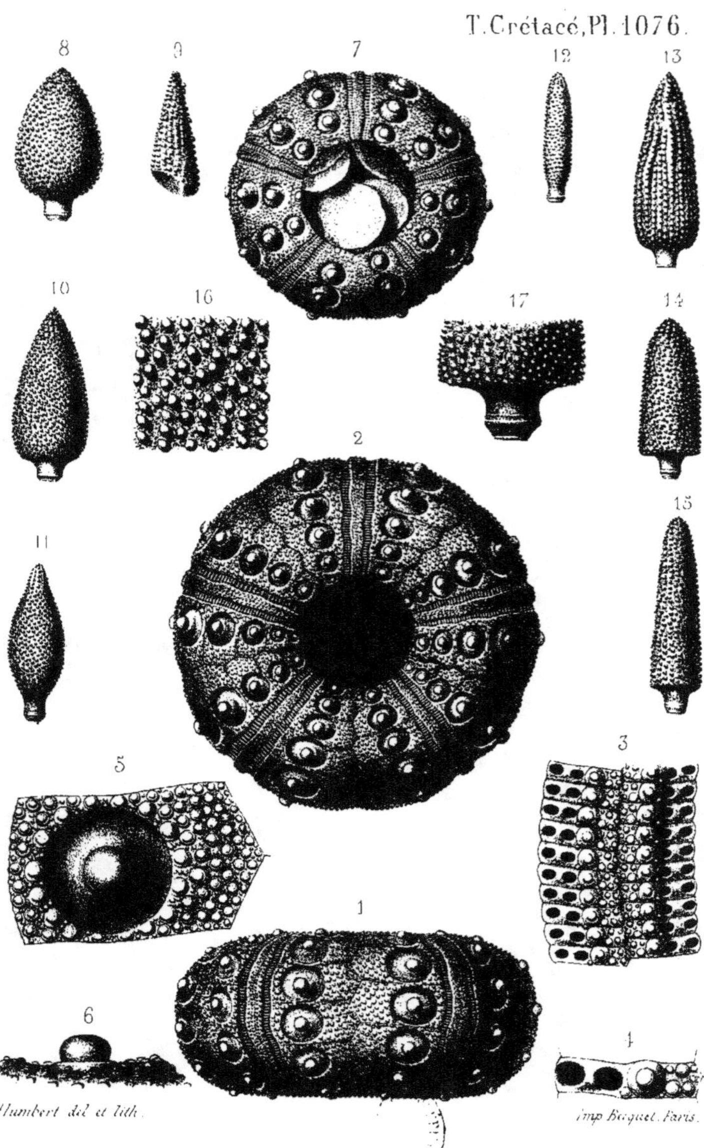

Cidaris Ramondi, Leymerie. (Sén.)

Humbert del et lith.

Imp. Becquet. Paris.

1 _ 13. *Cidaris Faujasi*, Desor. (Sén.)
14 _ 18. C. _____ *Hardouini*, ___ ___
19 . 24. C. _____ *minuta*, ___ ___

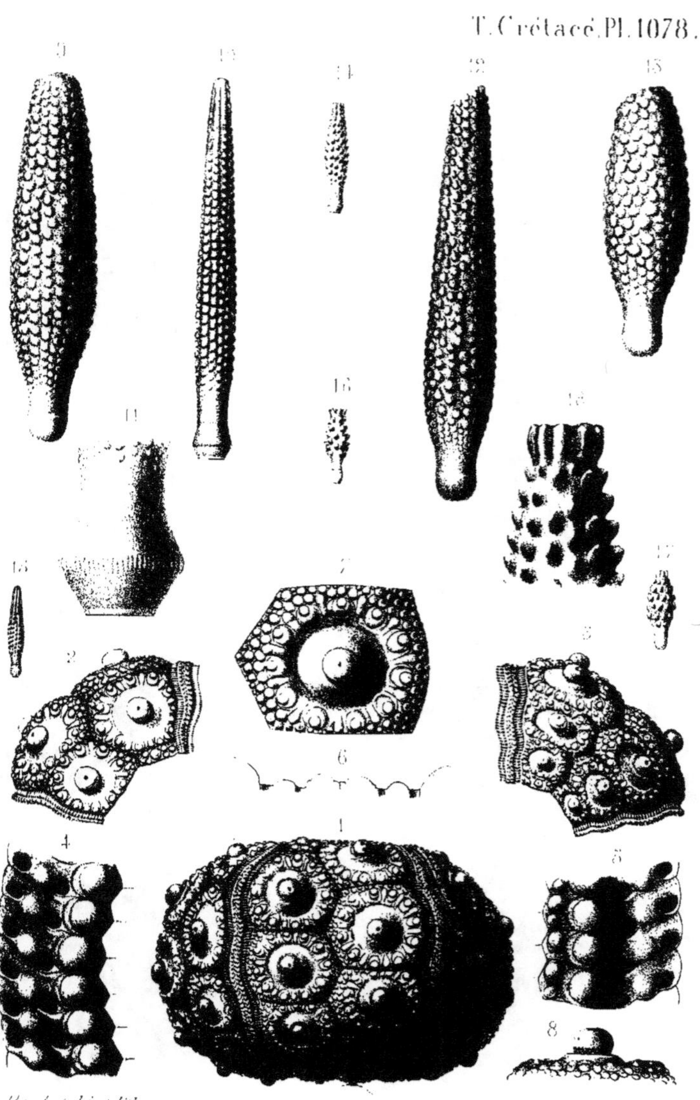

Cidaris Forchammeri, Desor. (Sén.)

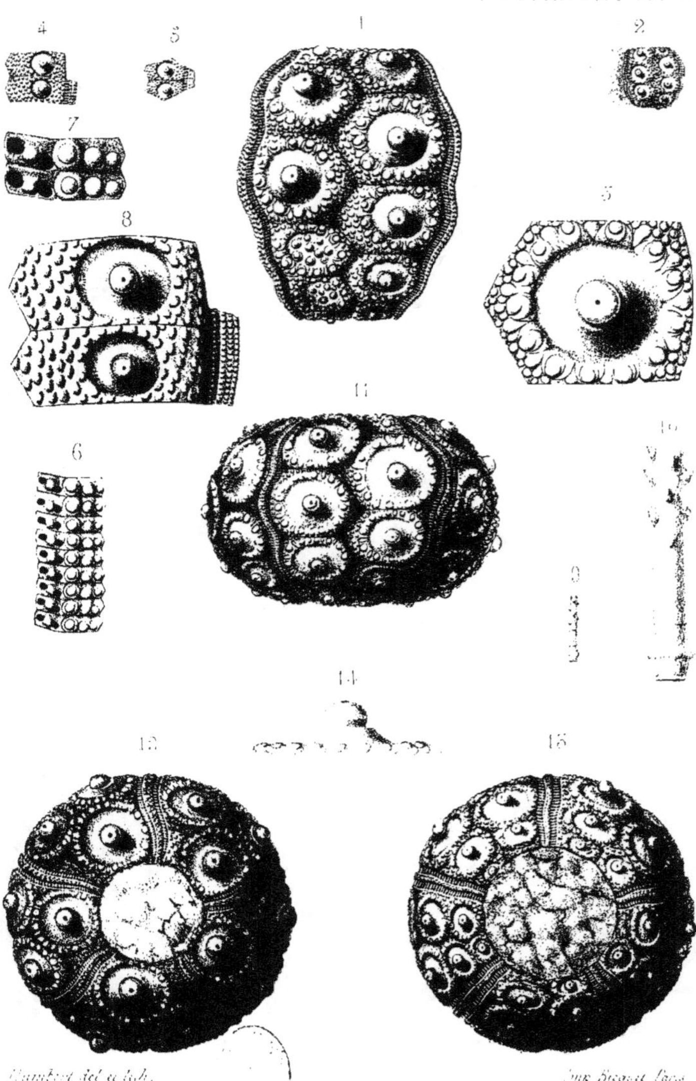

1 - 3. Cidaris Forchammeri, Desor. (Sén.)
4 - 10. C______ distincta, Sorignet. (Sén.)
11 - 14. C______ mamillata, Cotteau. (Sén ?)

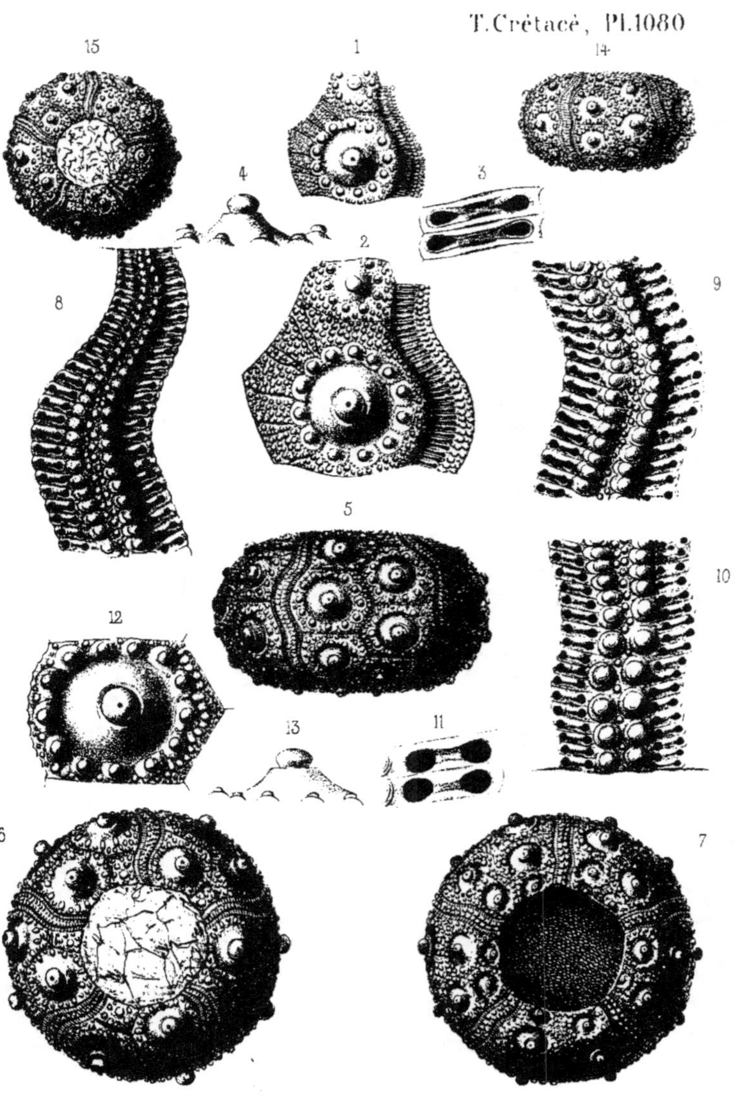

Humbert del.

Imp. Becquet Paris

1...4. *Rhabdocidaris Sanctæ-Crucis*, Cotteau.

5_17. R.——————— *Salviensis*, Desor.

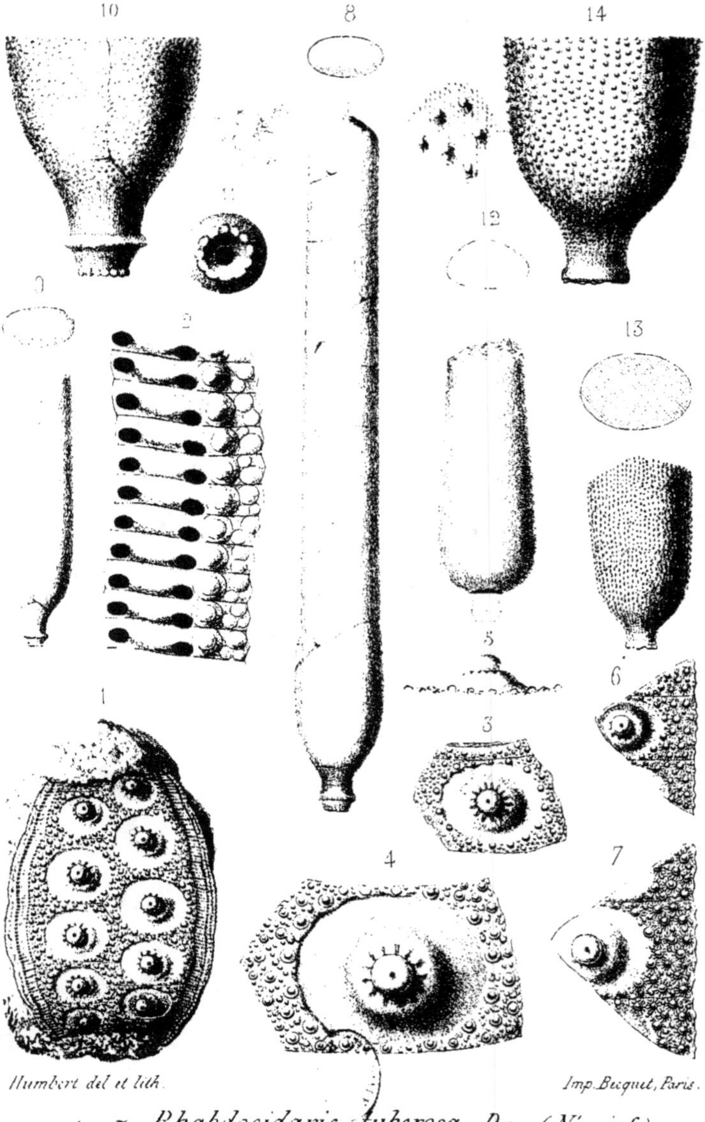

Humbert del. et lith. Imp. Becquet, Paris.

1 _ 7. *Rhabdocidaris tuberosa*, Desor. (Néoc. inf.)
8 _ 12. *R.* ———— *Jauberti*, Cotteau. (Néoc.)
13 _ 14. *R.* ———— *Noguesi*, Cotteau. (Sén.)

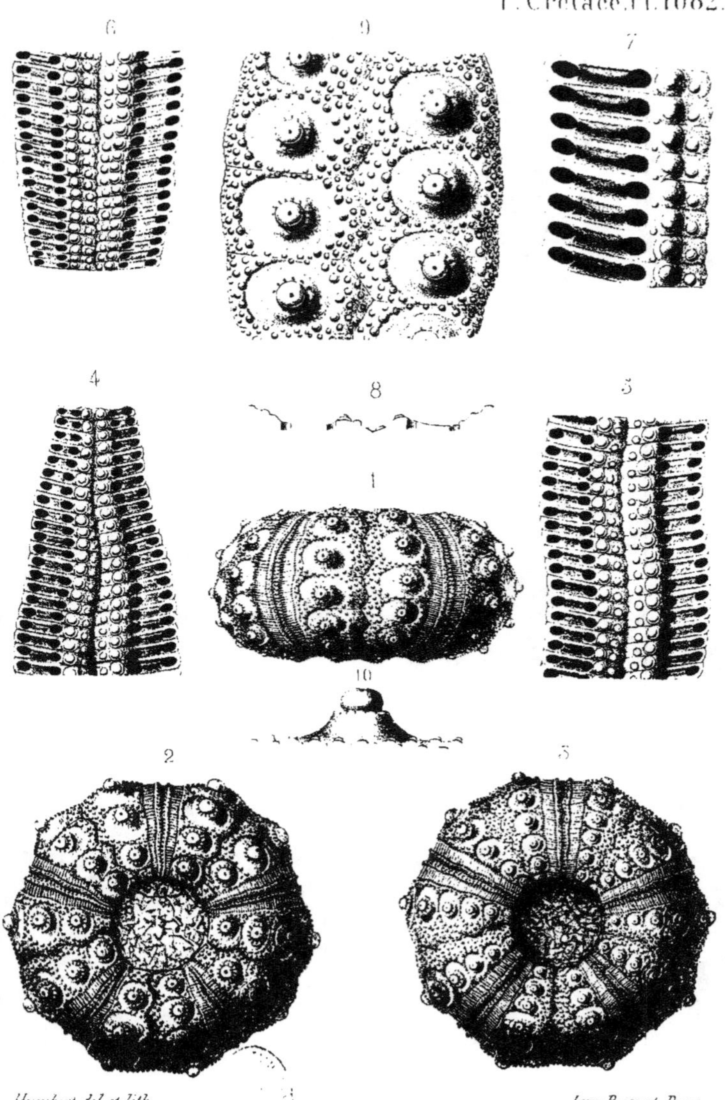

Humbert del. et lith.

Imp. Becquet. Paris.

Rhabdocidaris Tournali, Desor. (Néoc. sup.)

Rhabdocidaris Pouyannei, Cotteau. (Tur.)

Humbert del et lith.

Imp. Becquet Paris.

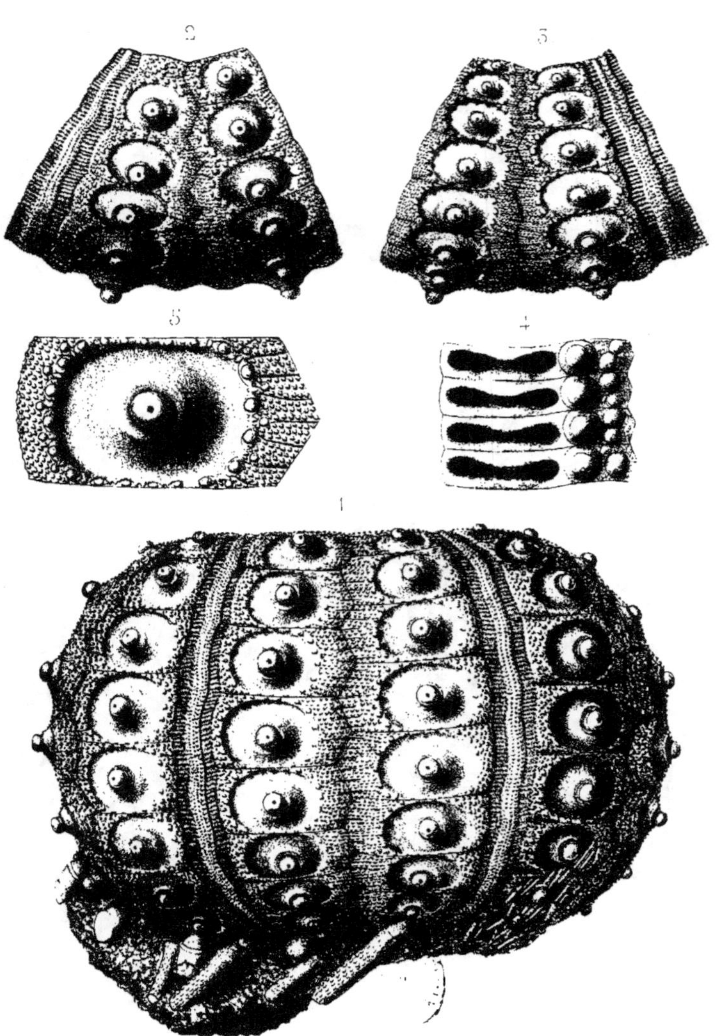

Rhabdocidaris venulosa, Cotteau. (Sén.?)

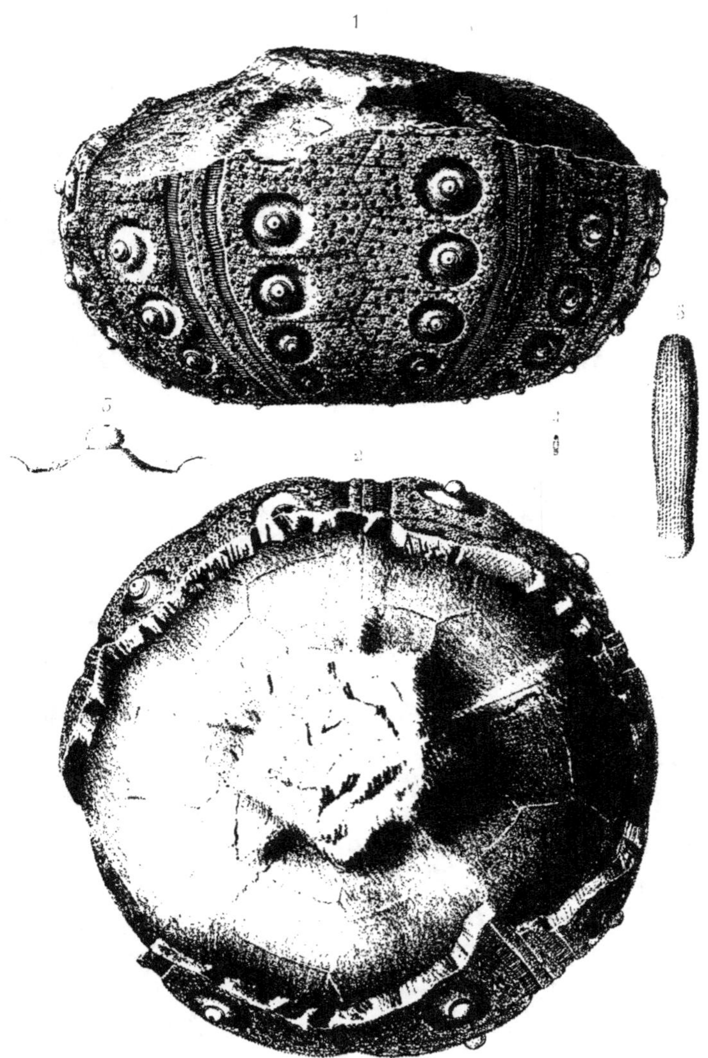

Temnocidaris magnifica, Cotteau. (Sén.)

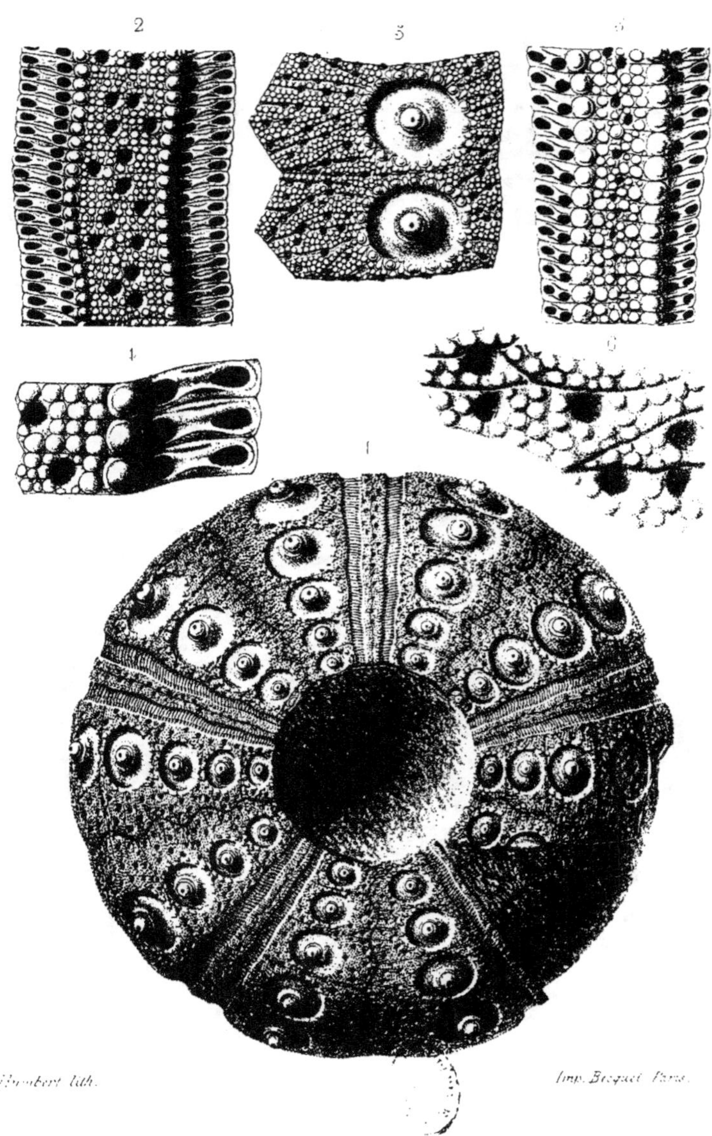

Humbert lith.

Imp. Becquet Paris.

Temnocidaris magnifica, Cotteau. (Sén.)

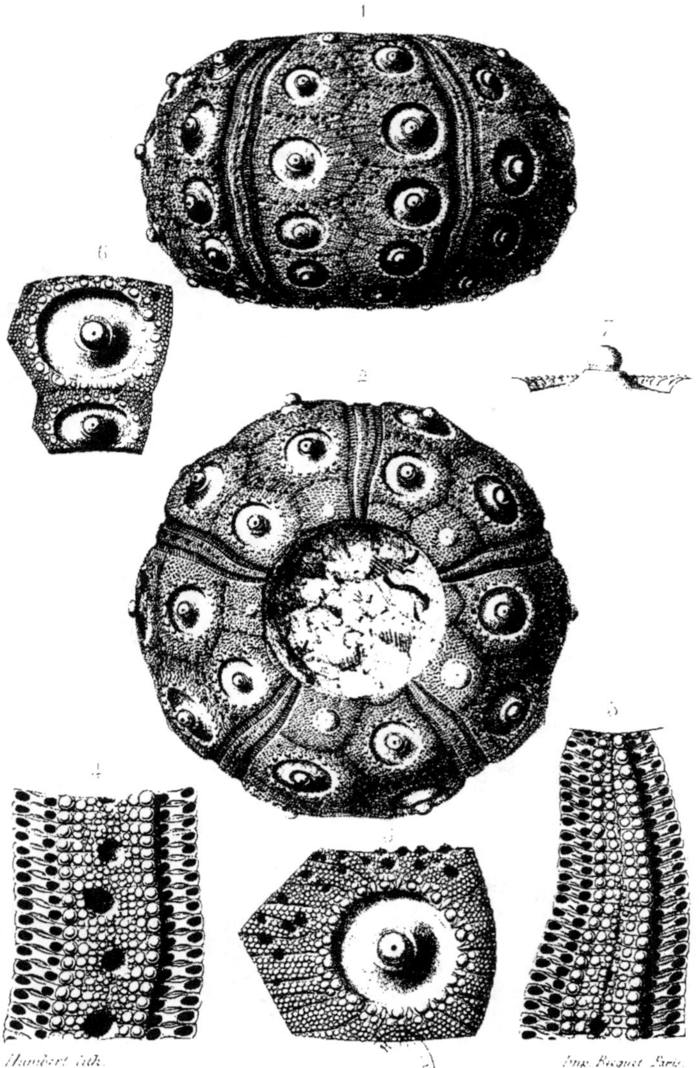

Temnocidaris Baylei, Cotteau, (Sén.)

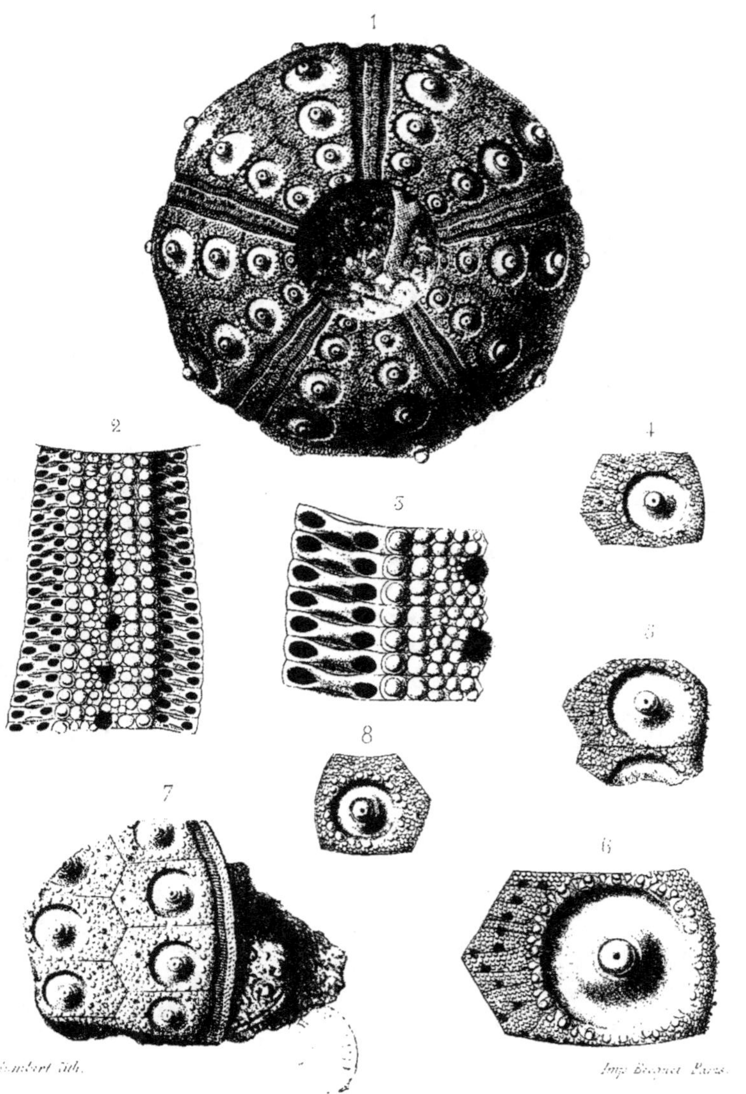

1—6. *Temnocidaris Baylei*, Cotteau. (Sén.)
7—8. *T.______ Danica,______*

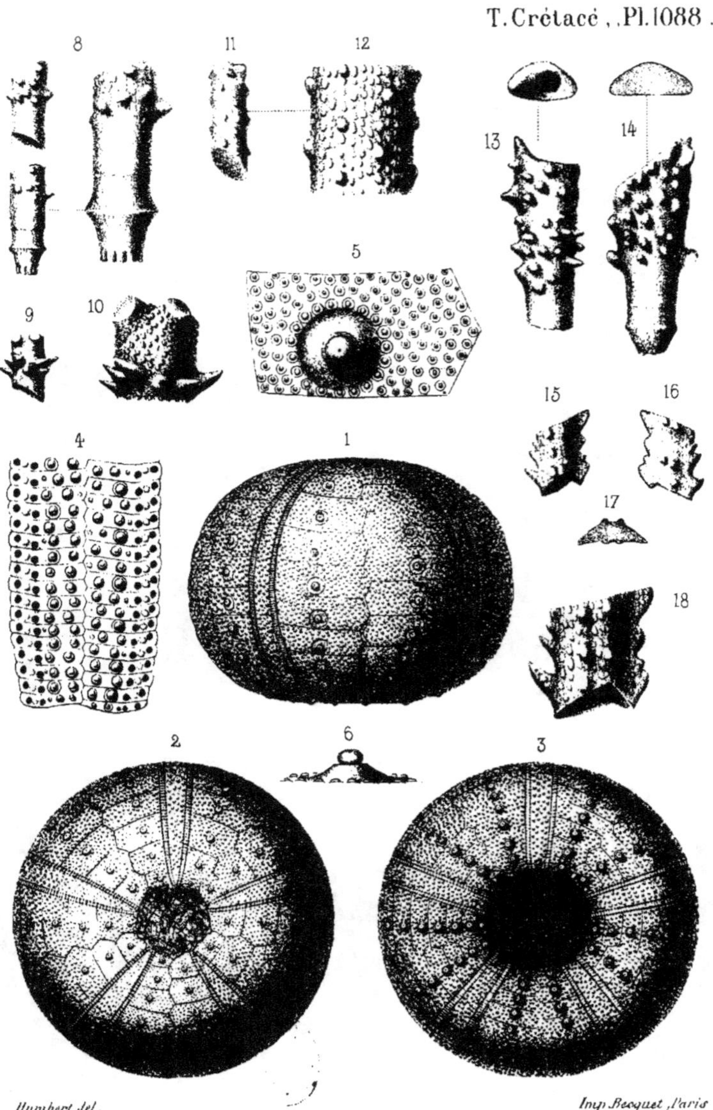

1—6 . *Orthocidaris inermis , Cotteau .*
7—18 . *Rhabdocidaris tuberosa , Desor .*

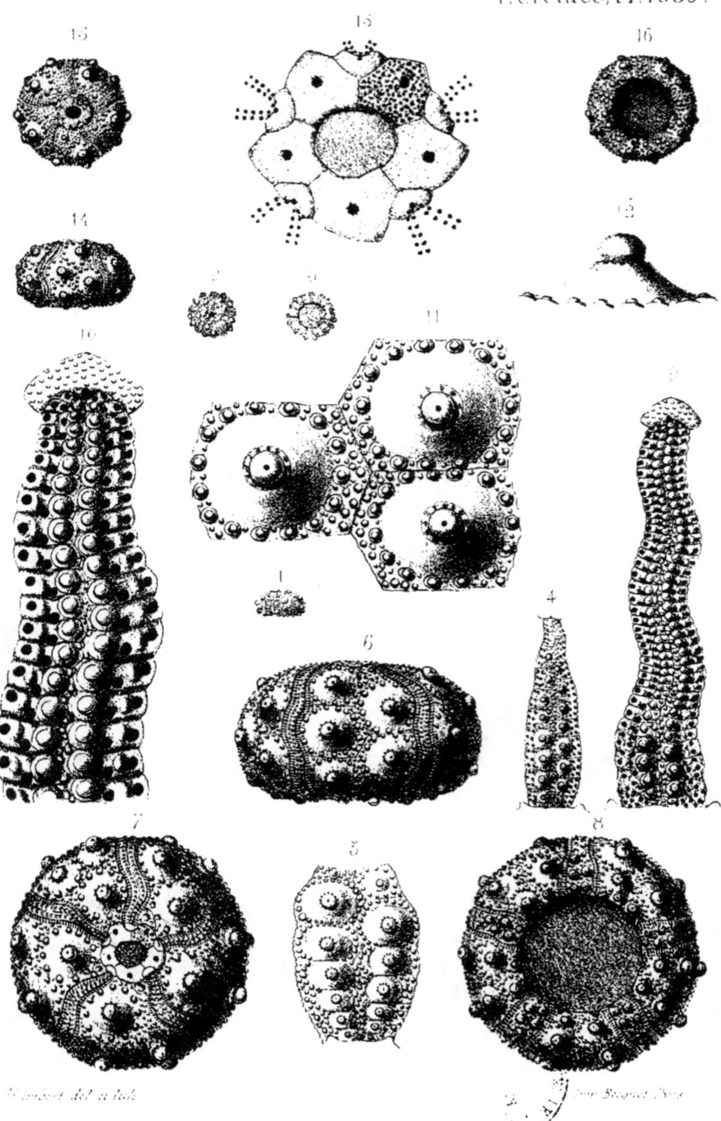

1 — 5. *Hemicidaris saleniformis*, Desor. (Néoc. inf.)
6 — 16. H. _______ *clunifera*, Desor. (Néoc. moy. et sup.)

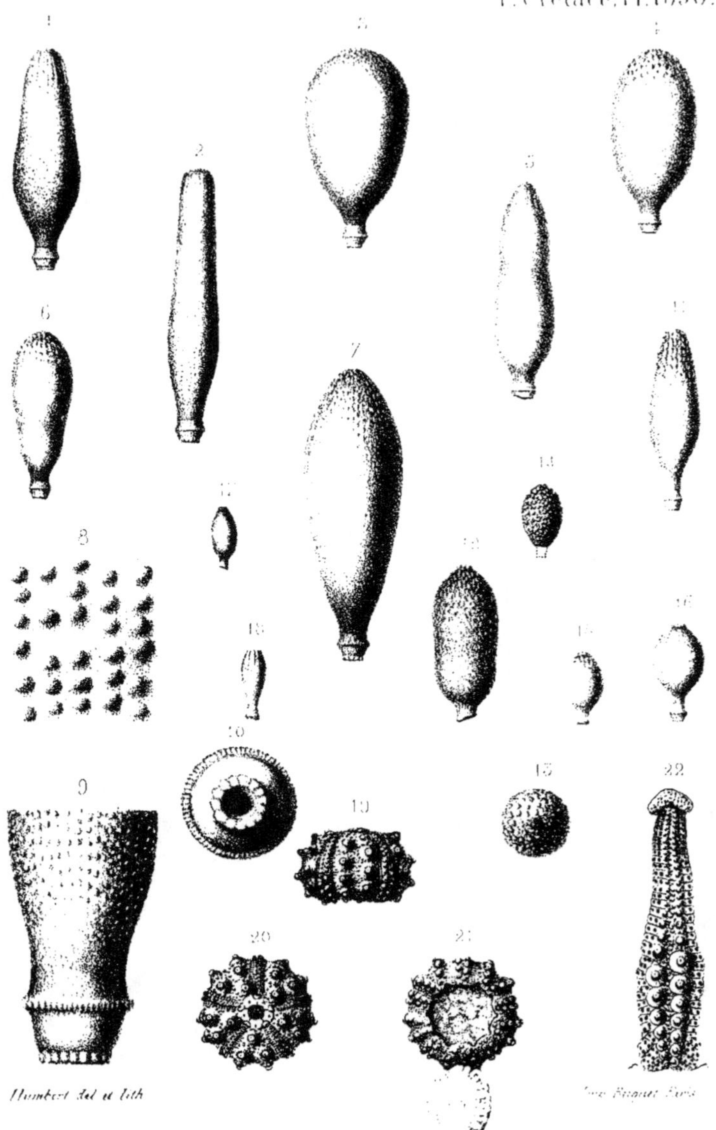

1 — 18. *Hemicidaris clunifera*, Desor. (Néoc. moy. et sup.)
19 — 22. H.   *Prestensis*, Cotteau. (Aptien.)

Humbert del. et lith.   Imp. Becquet, Paris.

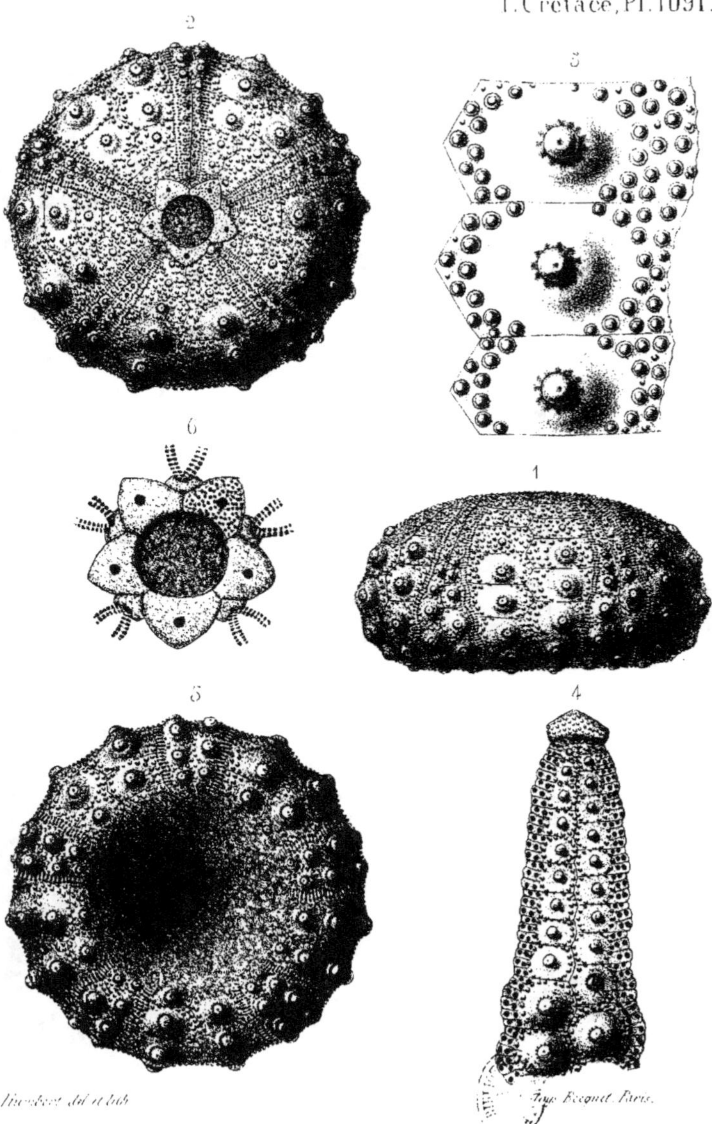

Hemicidaris pseudo-hemicidaris, Desor. (Néoc. sup.)

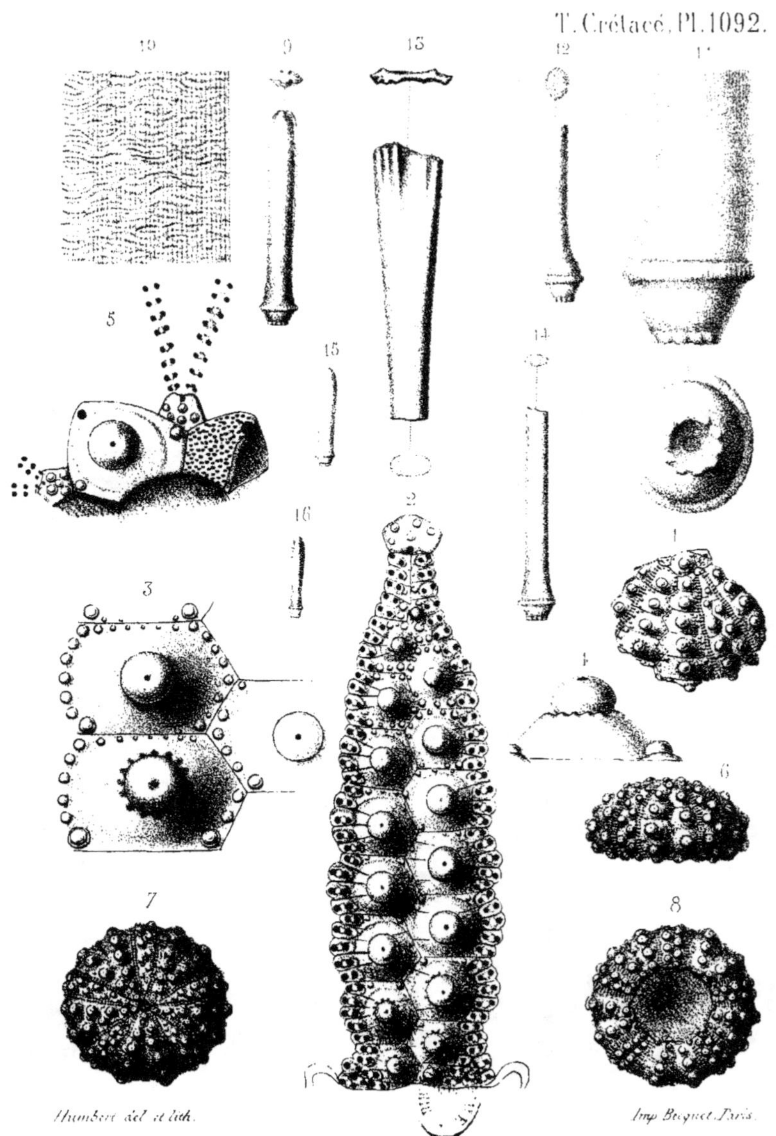

1 _ 8. *Acrocidaris minor.* Agassiz. (Néoc. inf.)
9 _ 16. A. _______ *Meridanensis.* Cotteau. (Néoc. inf.)

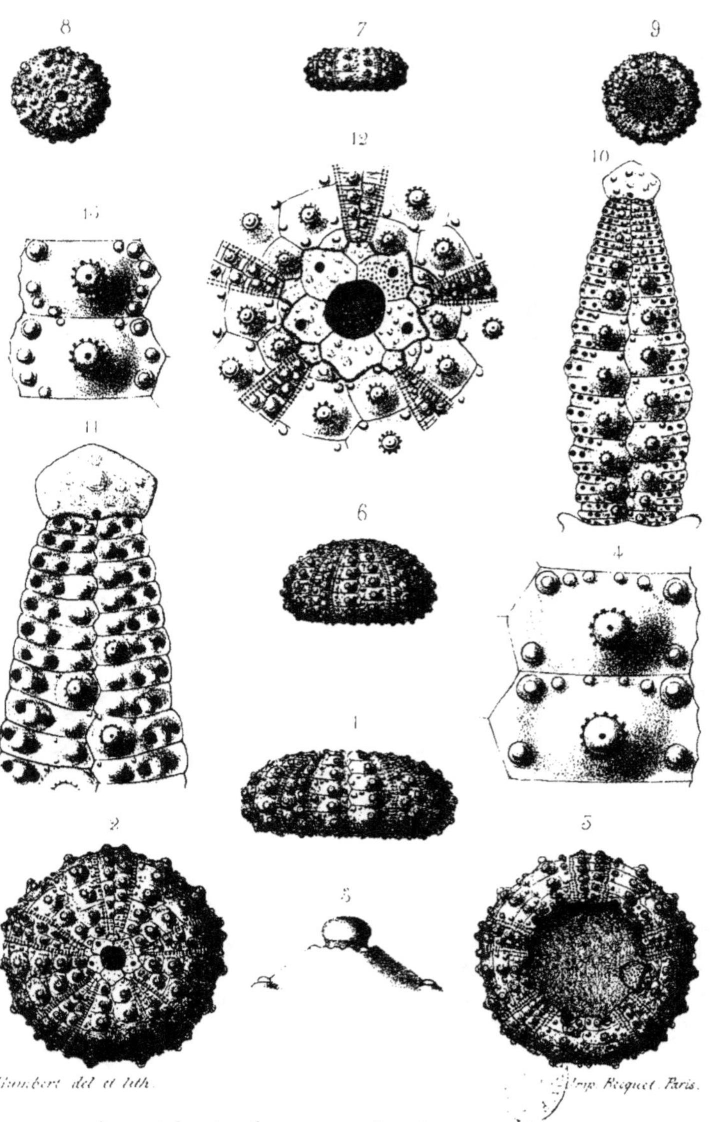

Acrocidaris Icaunensis, Cotteau (Néoc. inf.)

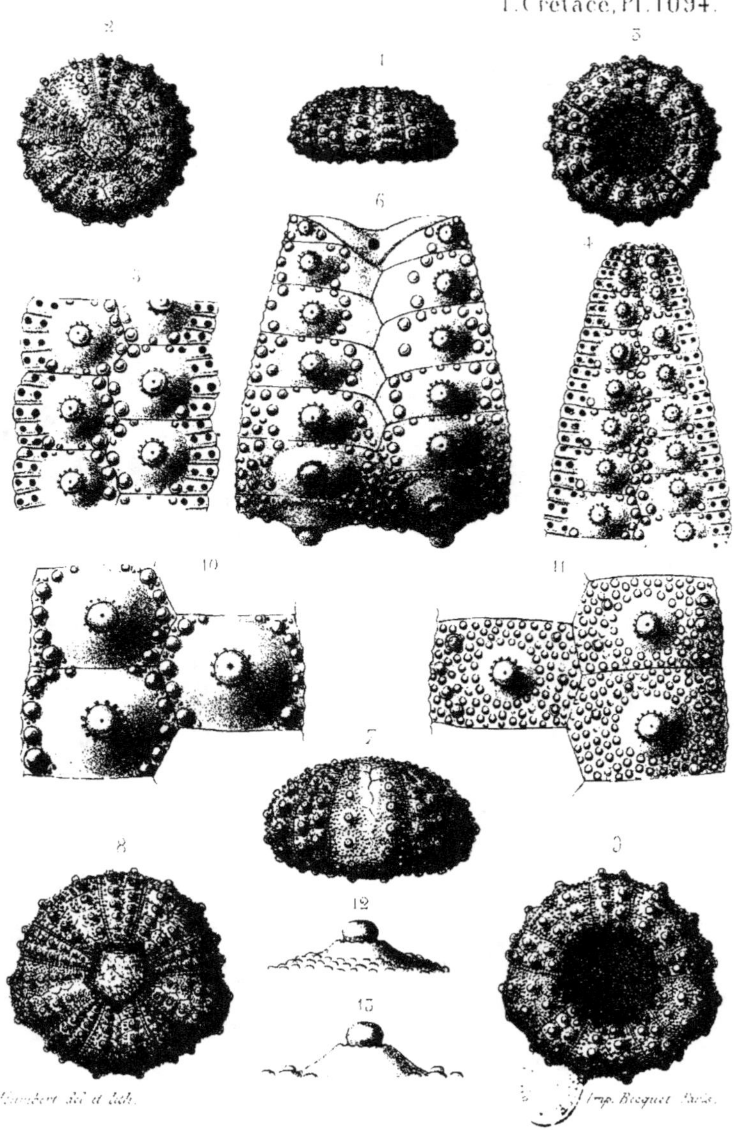

Pseudodiadema Grasi, Desor. (Néoc. inf.)

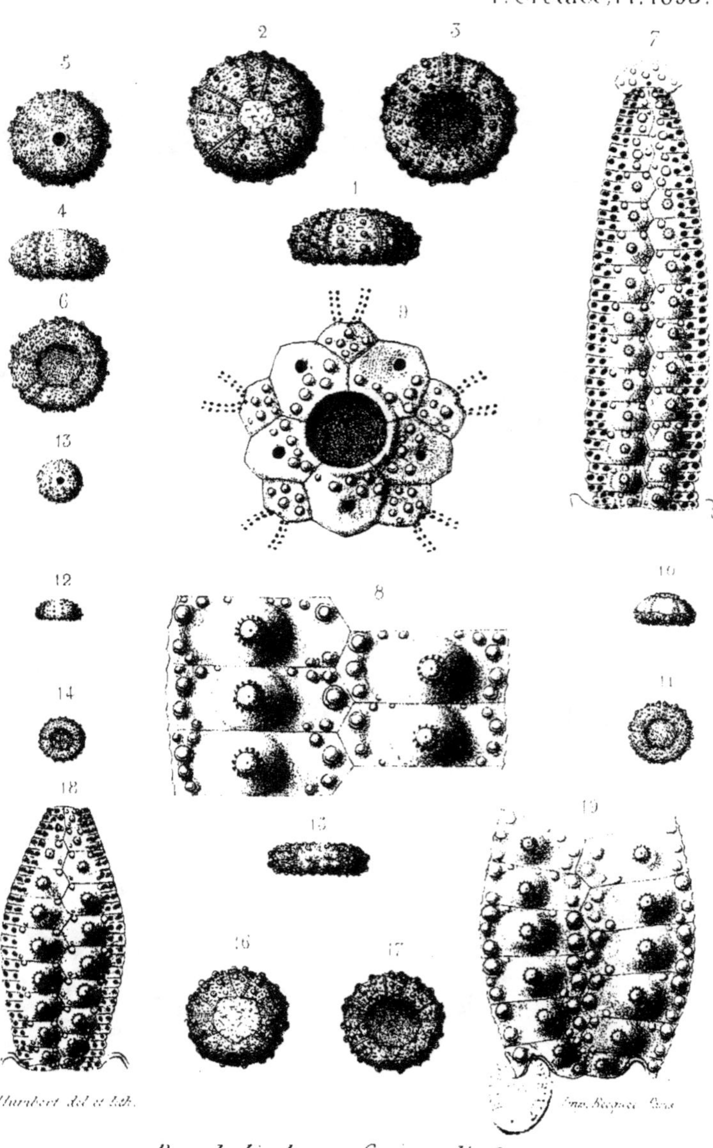

1 - 14. *Pseudodiadema Guirandi*, Cotteau. (Néoc. inf.)
15 - 19. P.___________ *Bourgueti*, Deser. ________

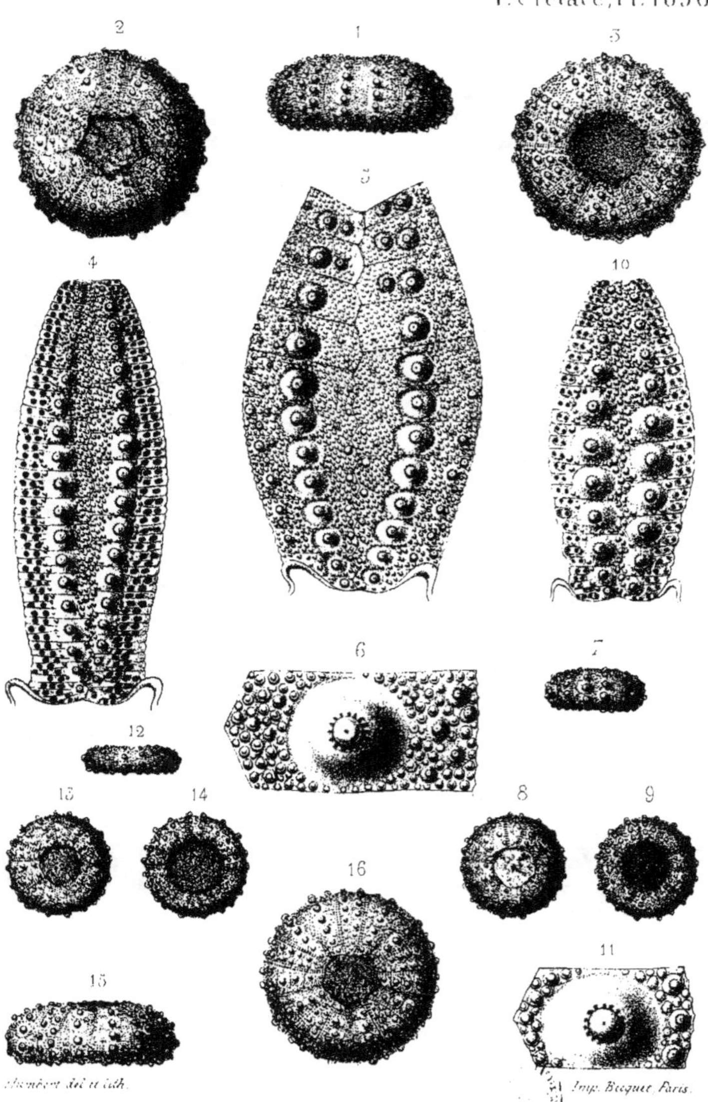

Pseudodiadema Bourgueti Desor. (*Loc. moy.*)

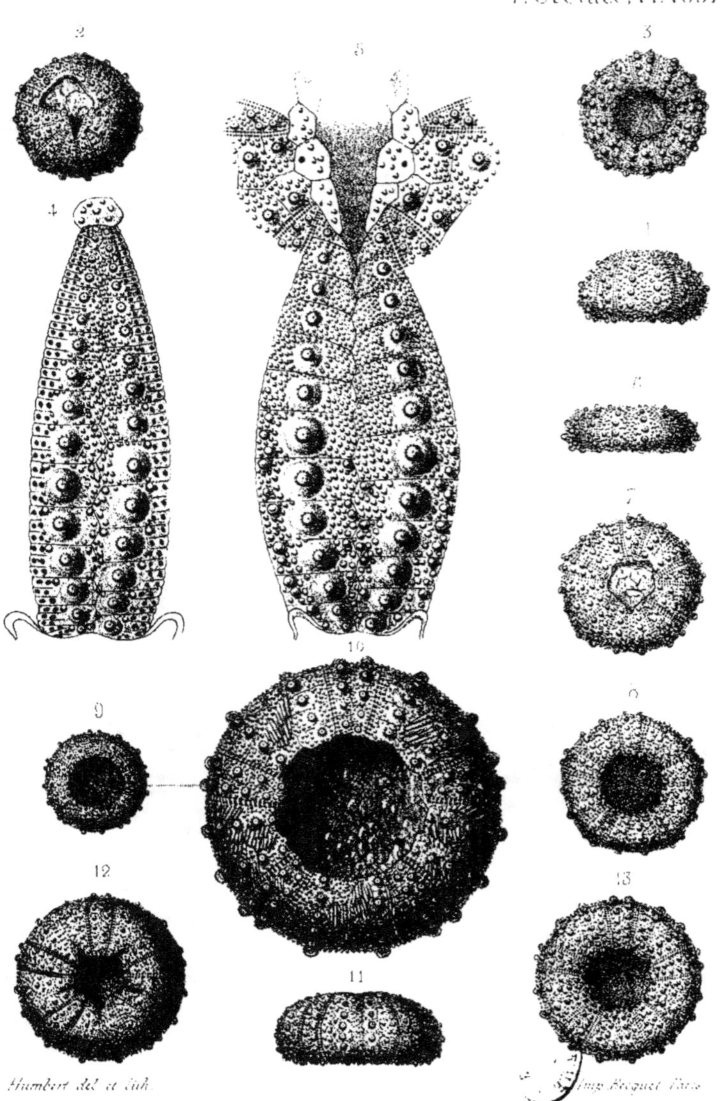

1 — 10. *Pseudodiadema Bourgueti*. Desor. (Néoc. moy.)
11 — 13. *P.* ______ *rotulare*, Desor. (Néoc. inf.)

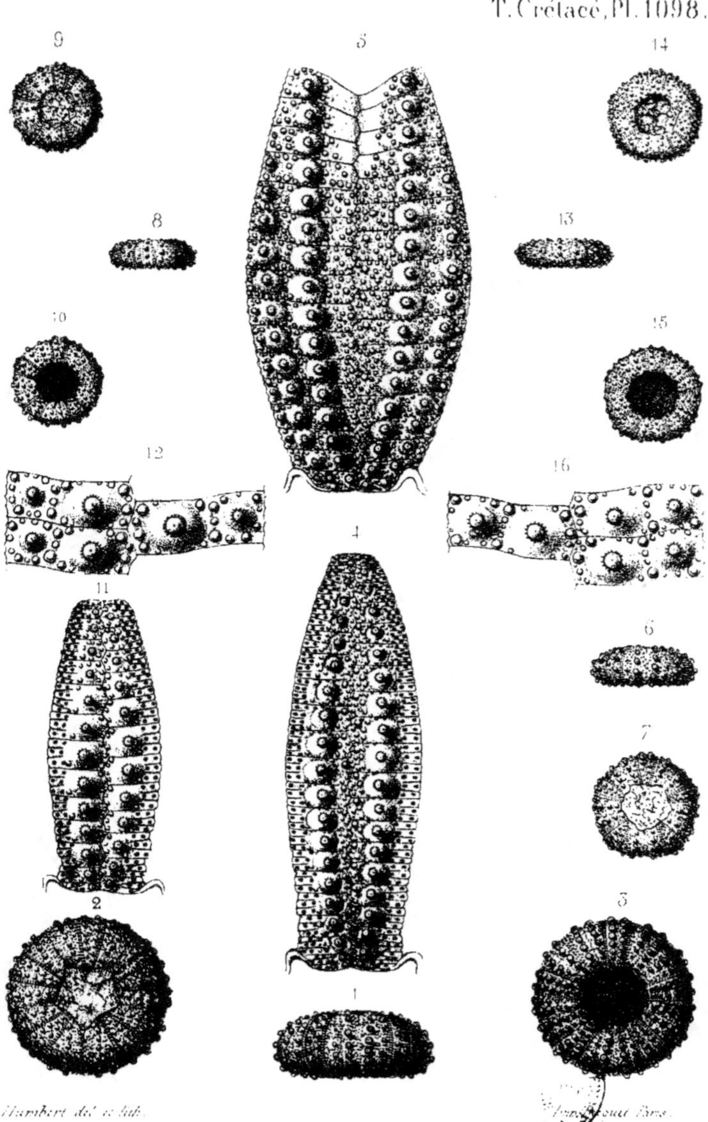

Pseudodiadema rotulare Desor. (Néoc. moy. et sup.)

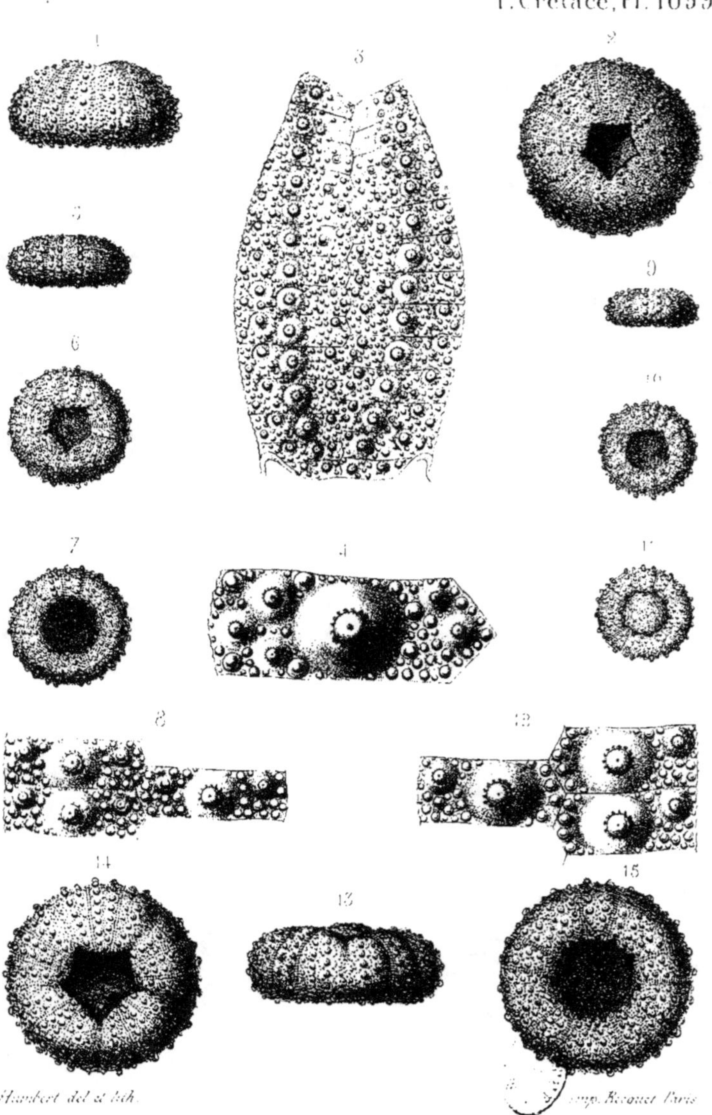

Pseudodiadema rotulare, Desor (Néoc. moy.)

Humbert del. et lith.

Imp. Becquet Paris.

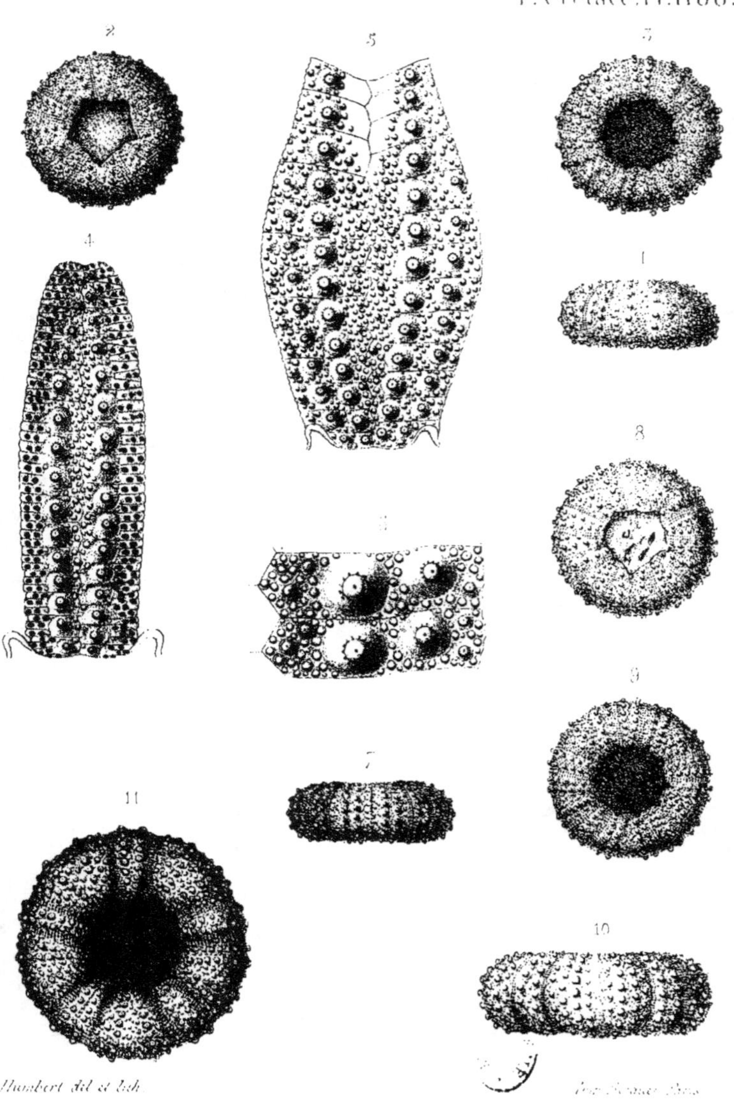

Pseudodiadema Autissiodorense, Cotteau. (*Néoc. moy.*)

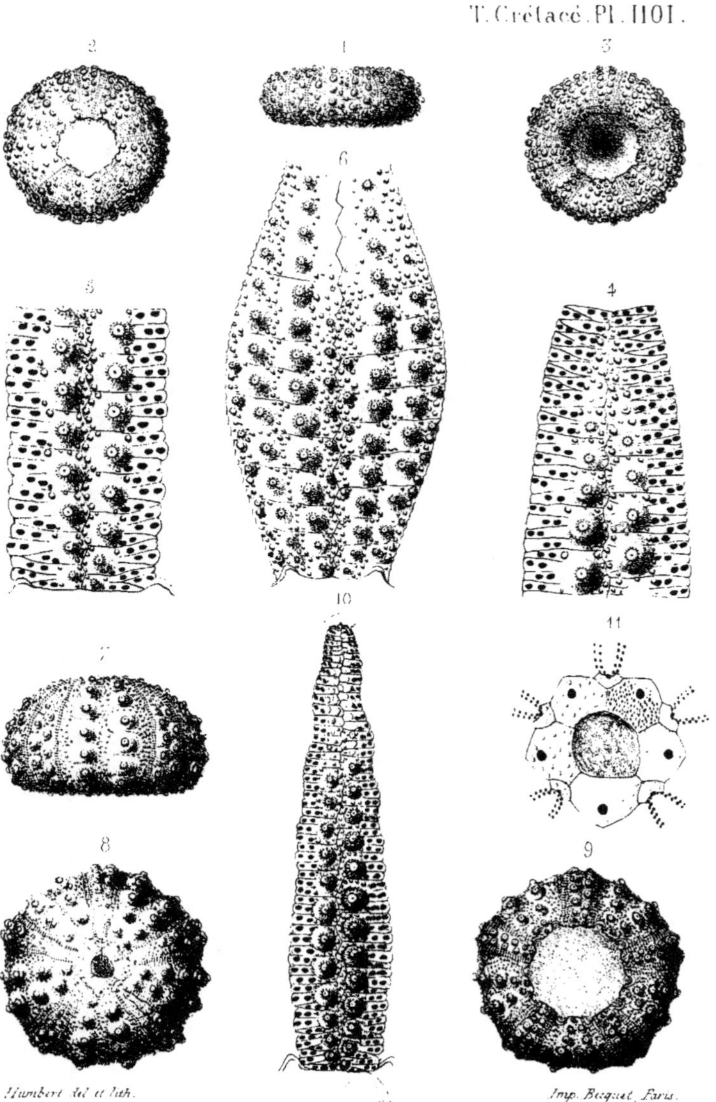

1 – 6. *Pseudodiadema Autissiodorense*, Cotteau. (Néoc. moy.)
7 – 11. *Hemicidaris Pilleti*, Cotteau. (Néoc. moy.)

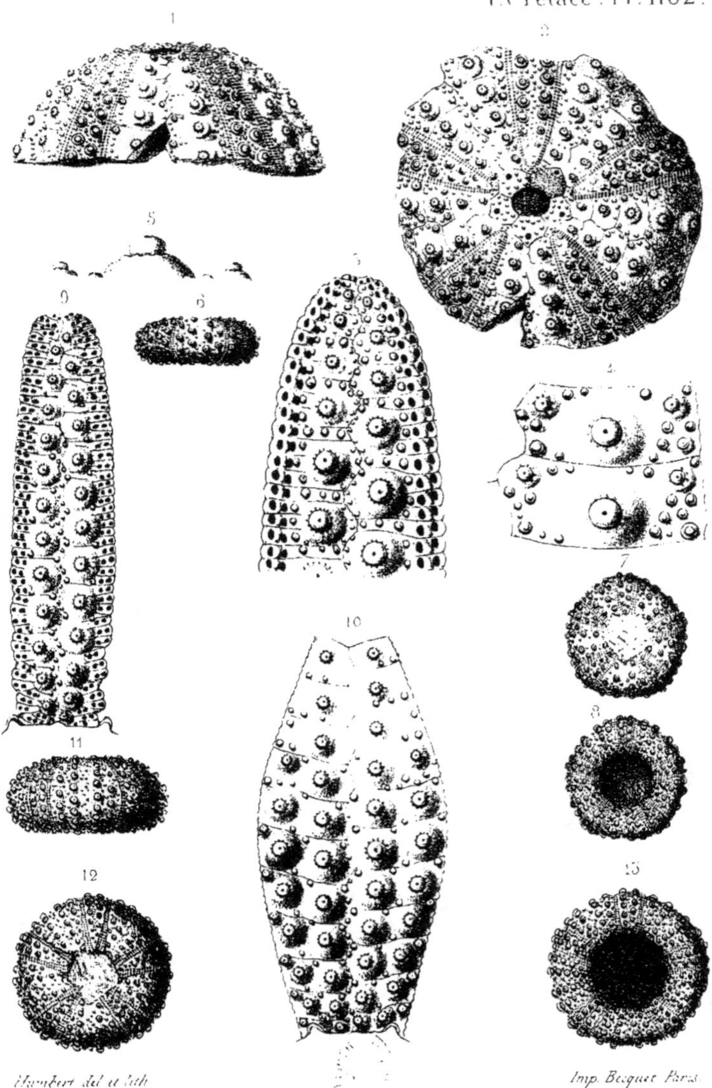

Humbert del. et lith.

Imp. Becquet Paris.

1 _ 5. *Pseudodiadema Jaccardi*, Cotteau. (Néoc. sup.)
6 _ 13. P. _____________ *Picteti*, Desor. (Néoc. et Aptien.)

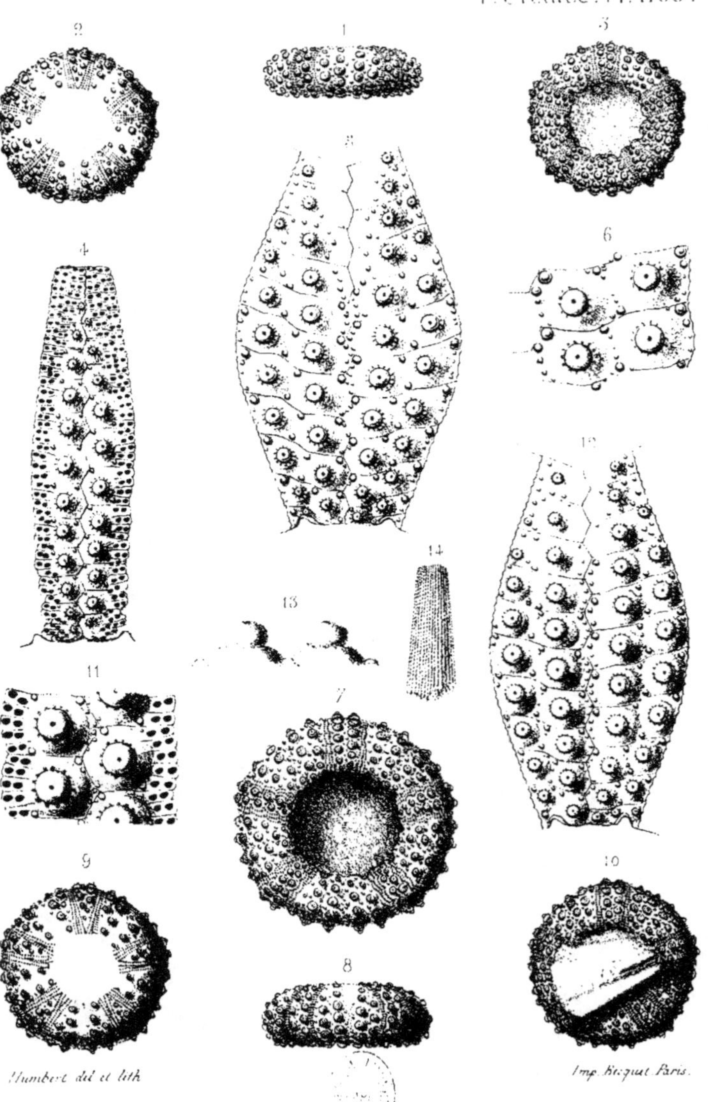

Pseudodiadema Raulini, Desor. (Néoc. sup.)

Humbert del. et lith.

Imp. Becquet Paris.

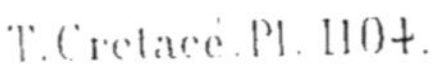

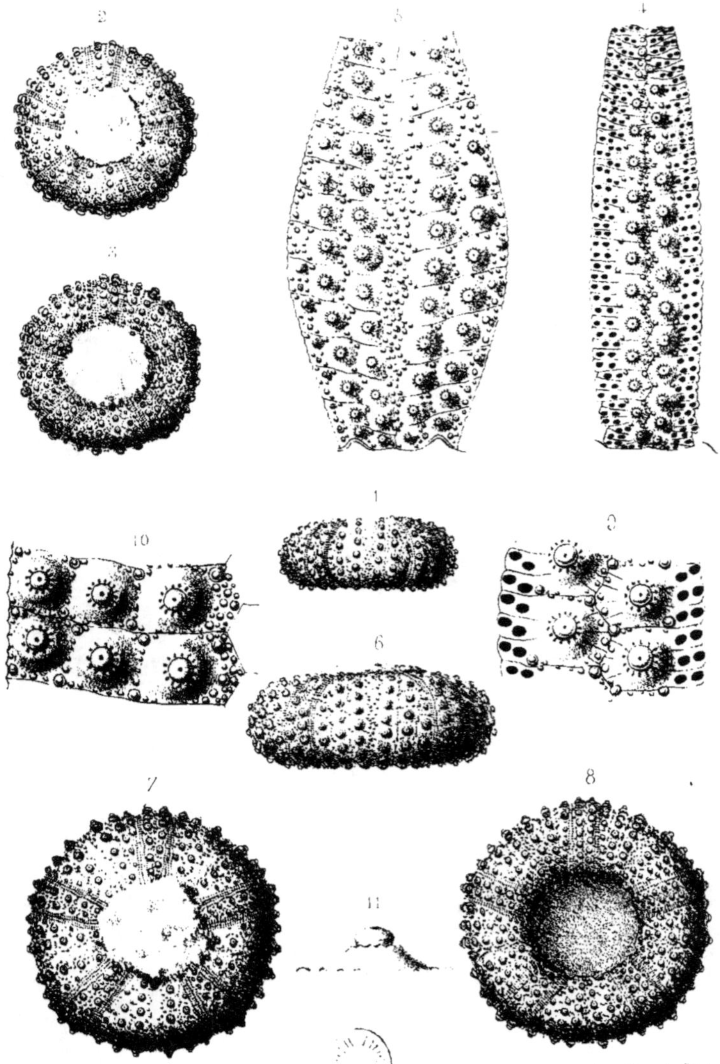

Pseudodiadema dubium, *Cotteau. (Néoc. sup.)*

Humbert del et lith.

Imp. Becquet. Paris.

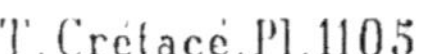

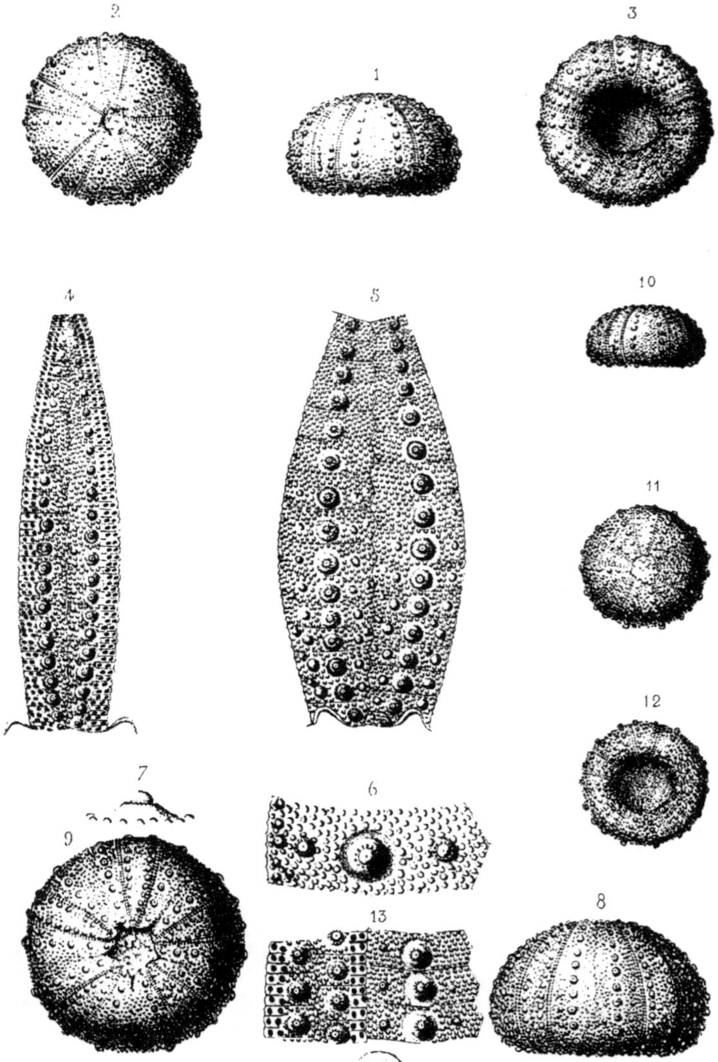

Pseudodiadema Carthusianum, Desor. (Néoc. sup.)

Humbert del et lith.

Imp Becquet. Paris.

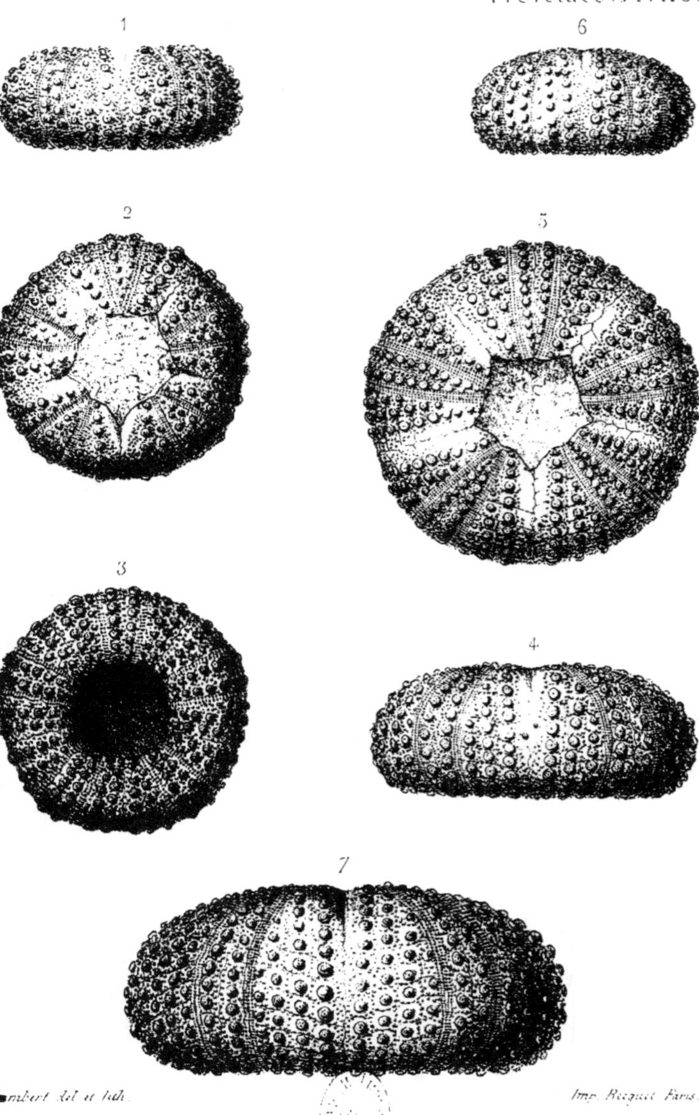

Humbert del. et lith.

Imp. Becquet Paris.

Pseudodiadema Malbosi, Cotteau. (Néoc. sup.)

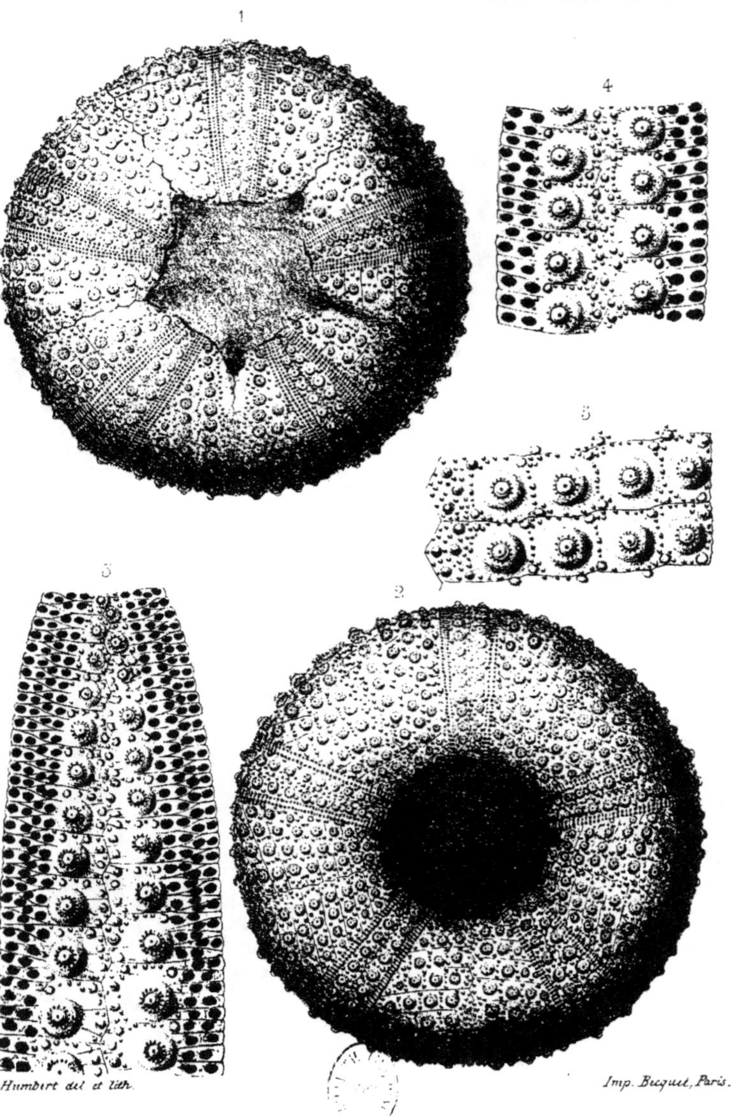

Pseudodiadema Malbosi, Cotteau. (Néoc. sup.)

Humbert del et lith.

Imp. Becquet, Paris.

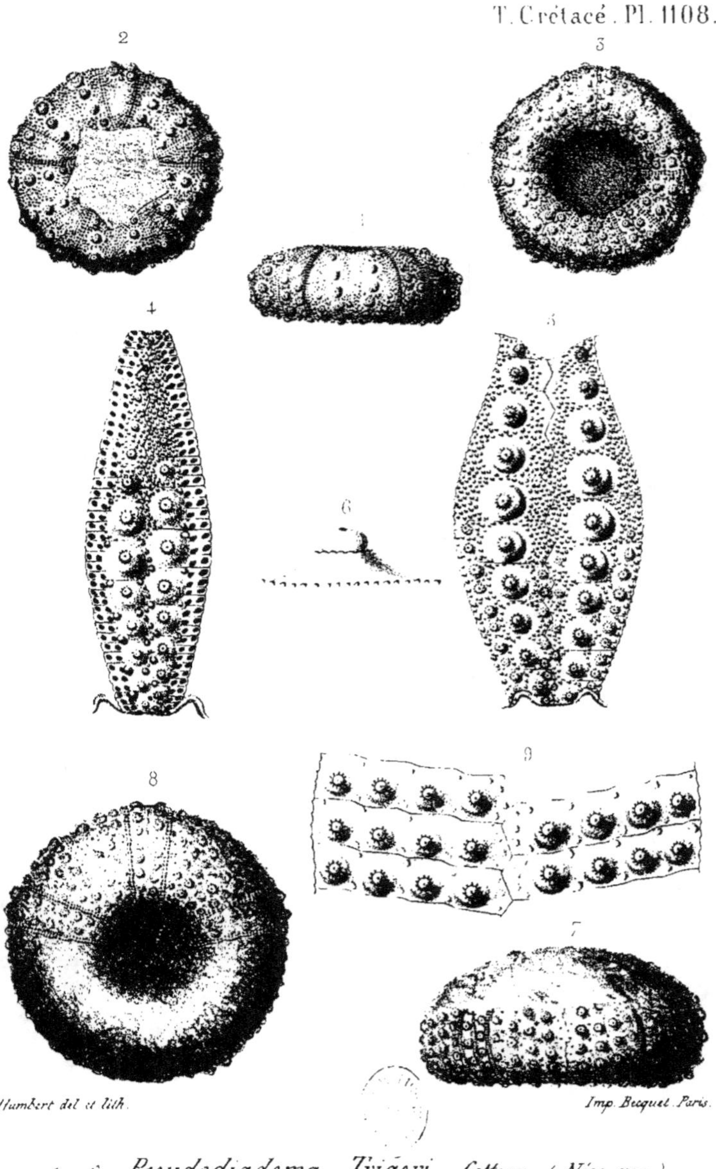

1 _ 6. *Pseudodiadema Trigeri*, Cotteau. (Néoc. sup.)
7 _ 9. P._____ *Renevieri*, Cotteau. (Apt. sup.)

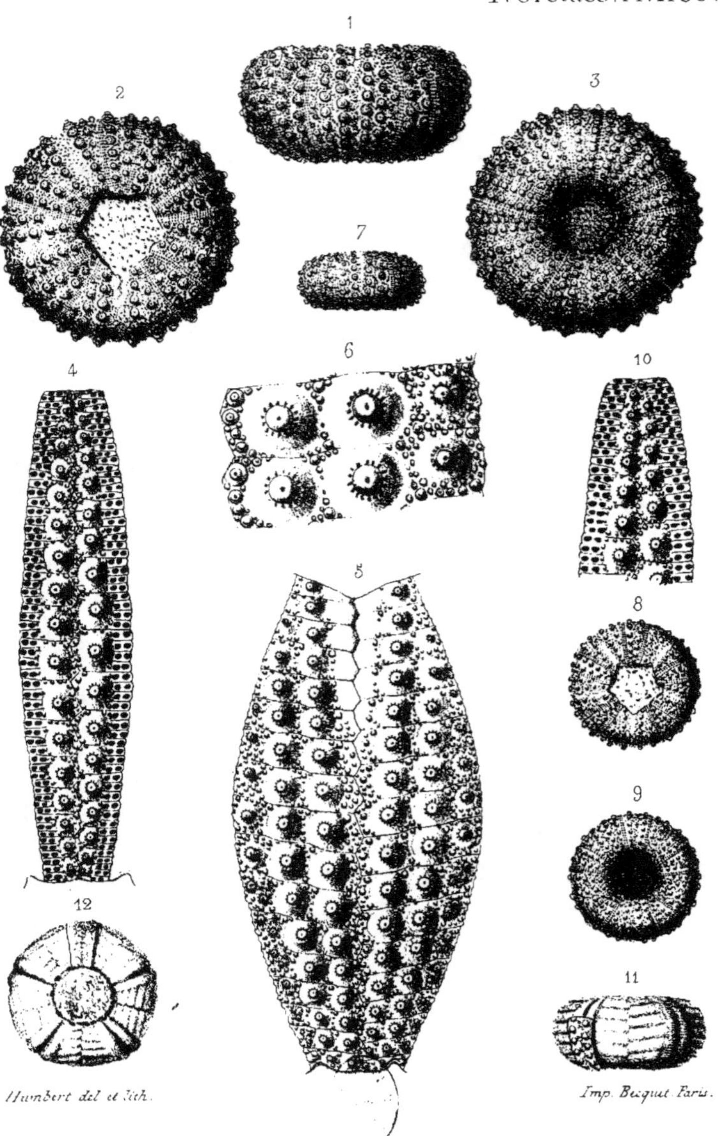

Humbert del. et lith.

Imp. Becquet. Paris.

Pseudodiadema Brongniarti, Desor. (Albien.)

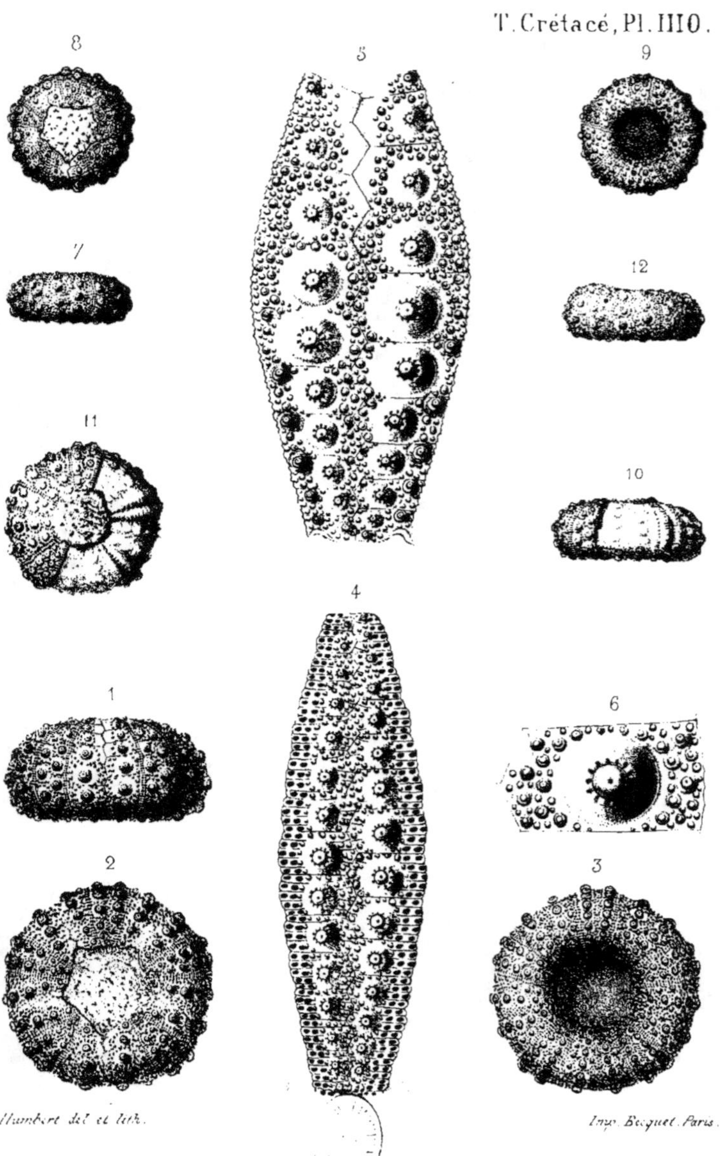

Humbert del et lith.

Imp. Becquet, Paris.

Pseudodiadema Rhodani, Desor. (Albien.)

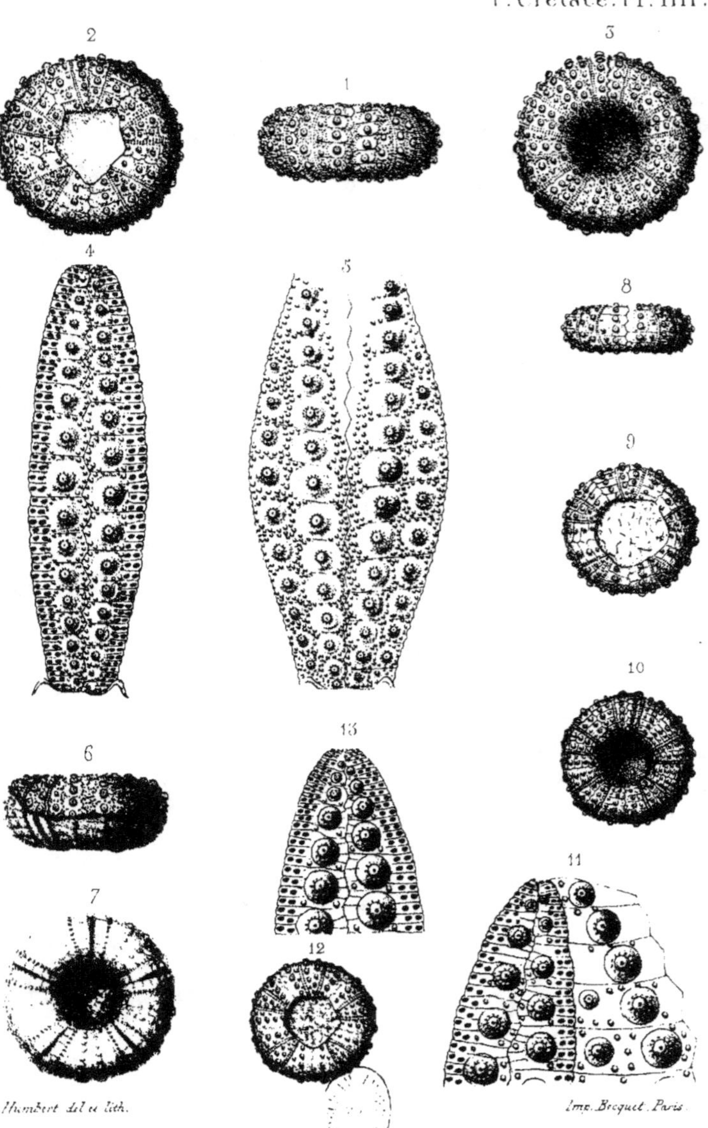

Humbert del et lith.

Imp. Becquet, Paris.

Pseudodiadema Blancheti, Desor. *(Albien et Cénom.)*

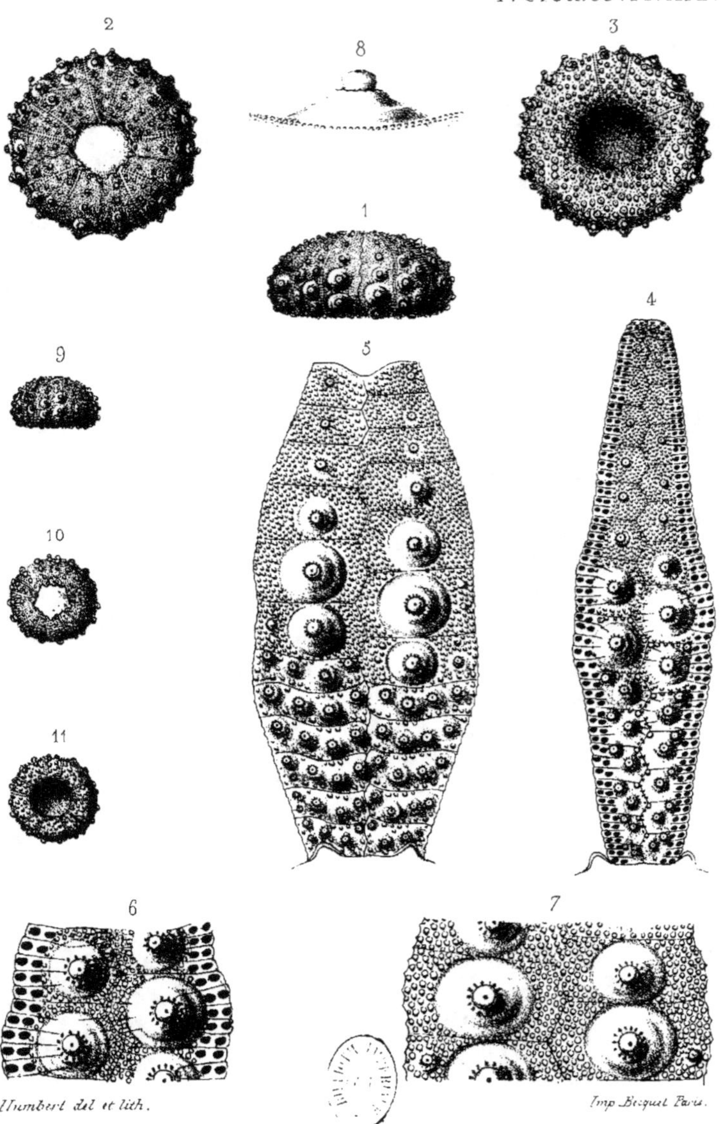

Pseudodiadema Normaniæ, Cotteau. (Cénom.)

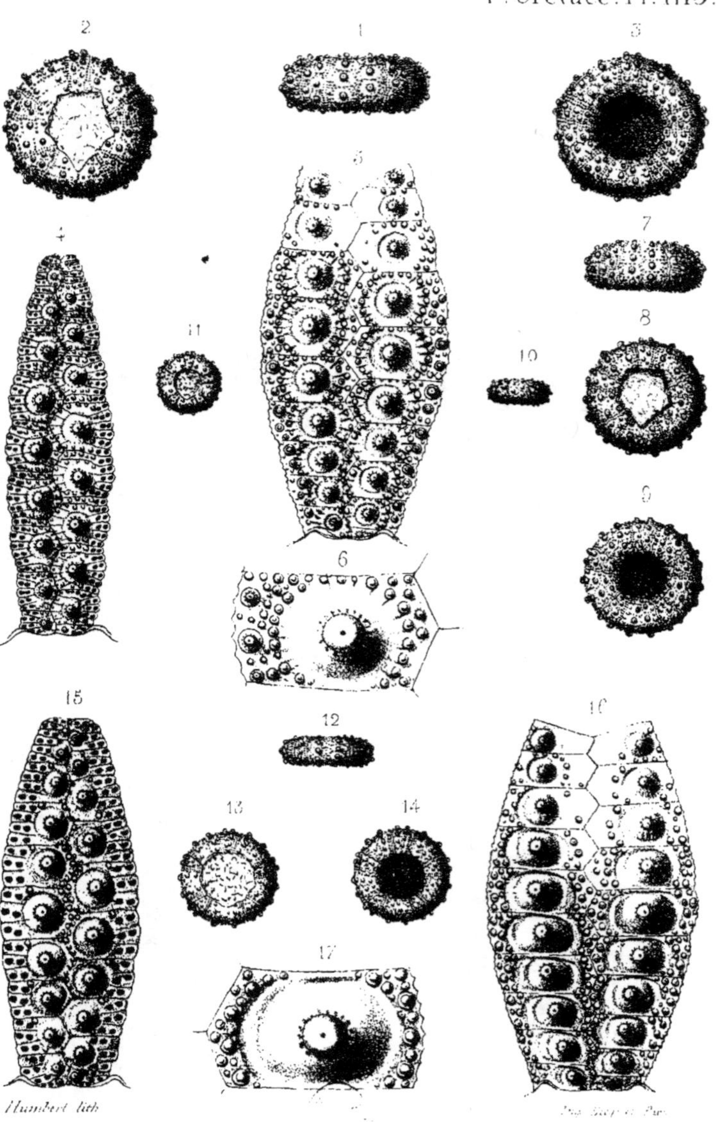

1 — 11. *Pseudodiadema tenue*, Desor. (Cénom.)
12 — 17. P.___________ *macropygus*, Cotteau.

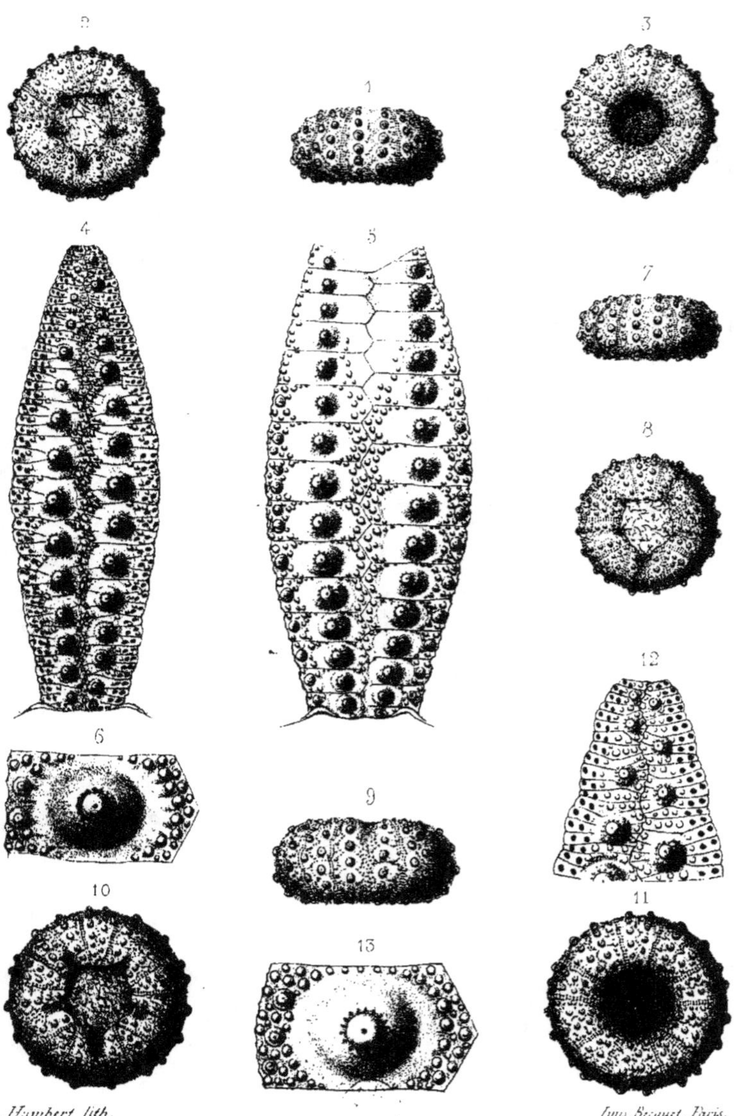

Pseudodiadema Michelini, Desor. (Cénom.)

Hambert lith.

Imp. Becquet, Paris.

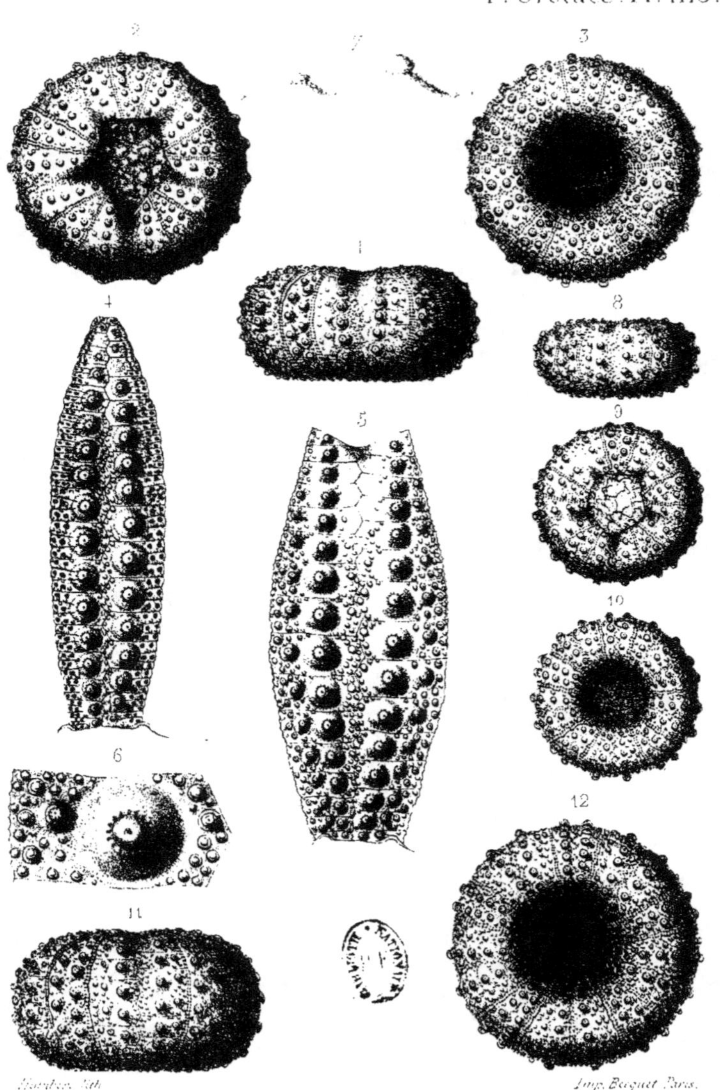

Pseudodiadema ornatum, Desor. (Cénom.)

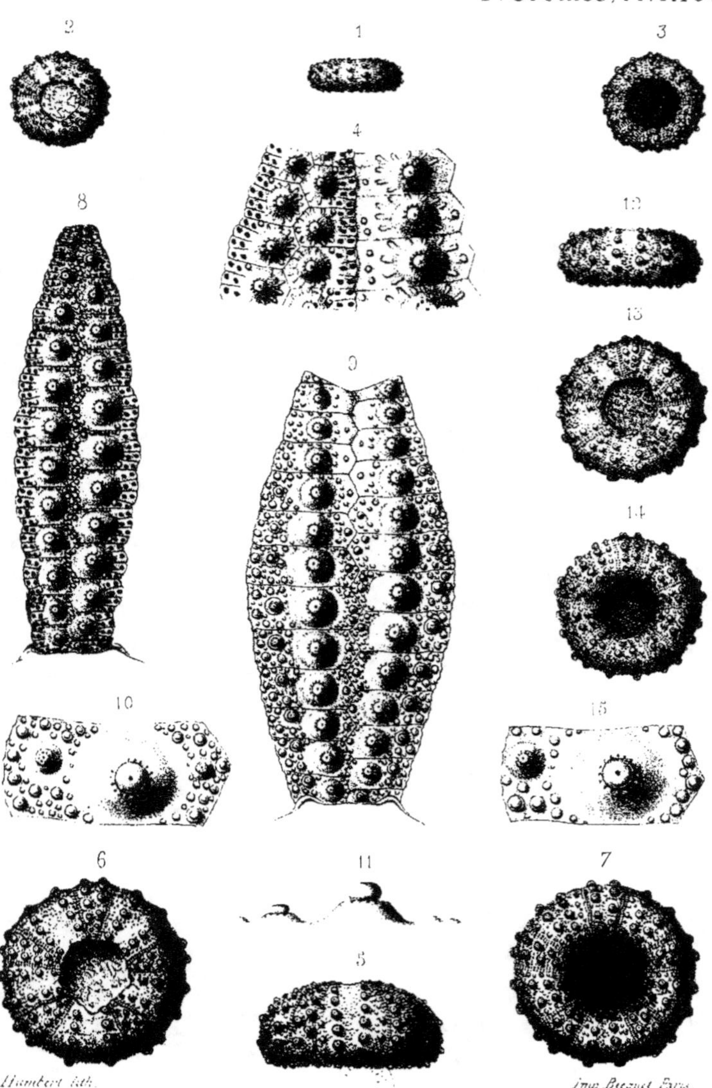

1 _ 4. *Pseudodiadema annulare*, Desor. (Cénom.)
5 _ 15. P. ——————— *pseudo-ornatum*, Cotteau. ——

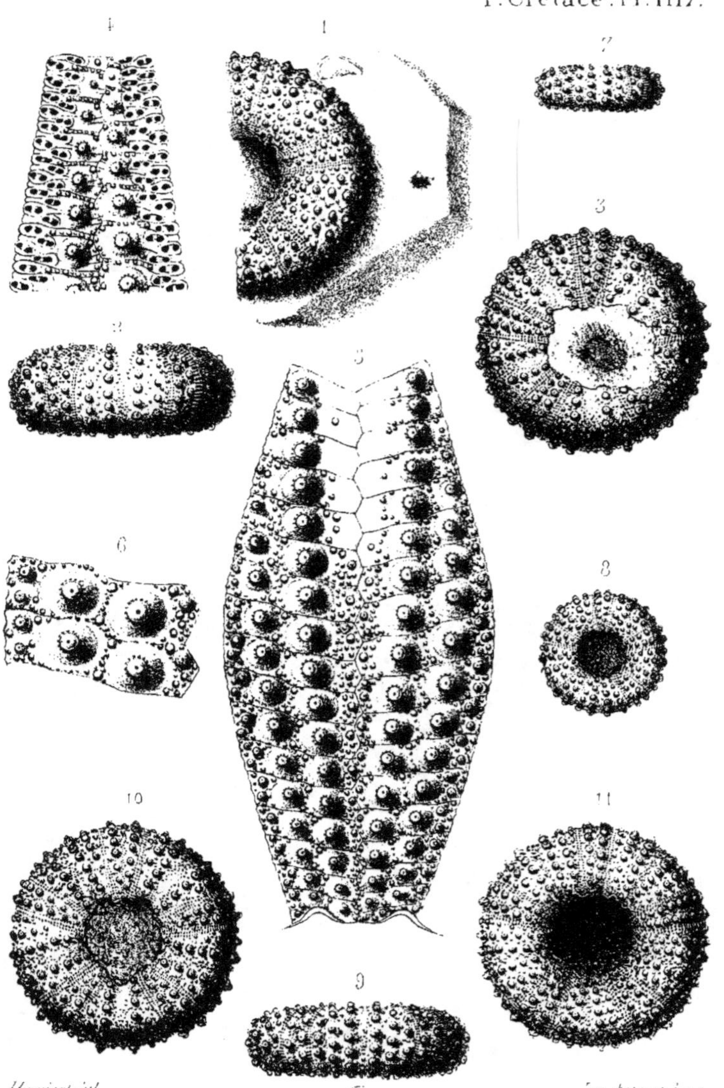

Pseudodiadema variolare, Cotteau. (Cénom.)

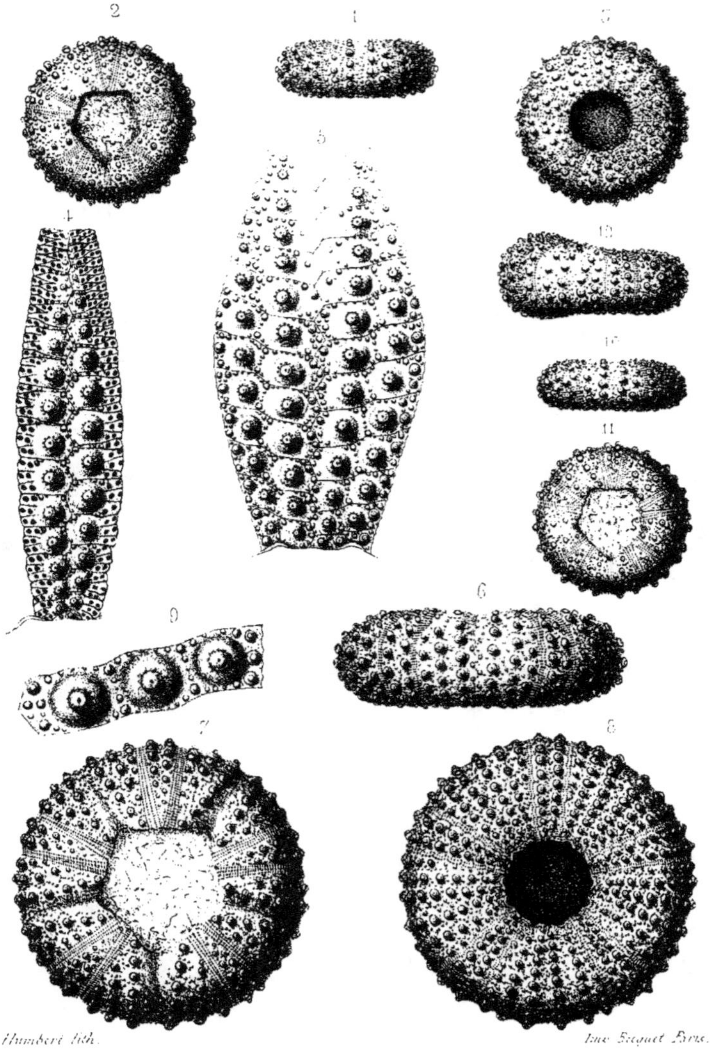

Pseudodiadema variolare, Cotteau. (Cénom.)
(Var: sub-nuda.)

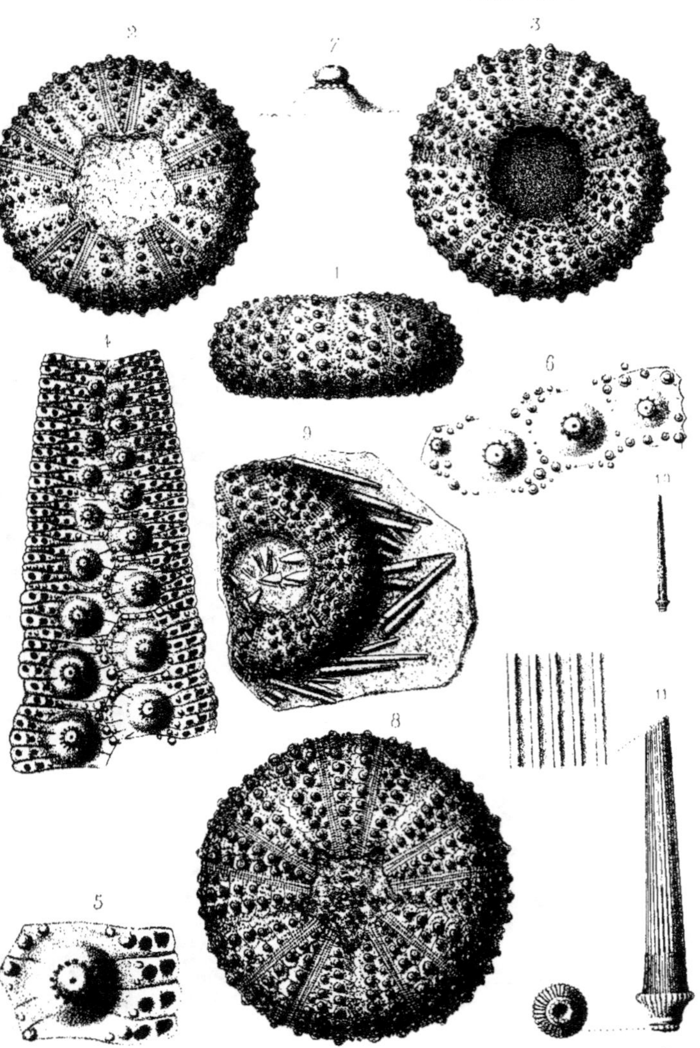

Humbert lith.

Imp. Becquet Paris.

Pseudodiadema variolare, Cotteau. (Cénom.)
(Var. Rèssyi.)

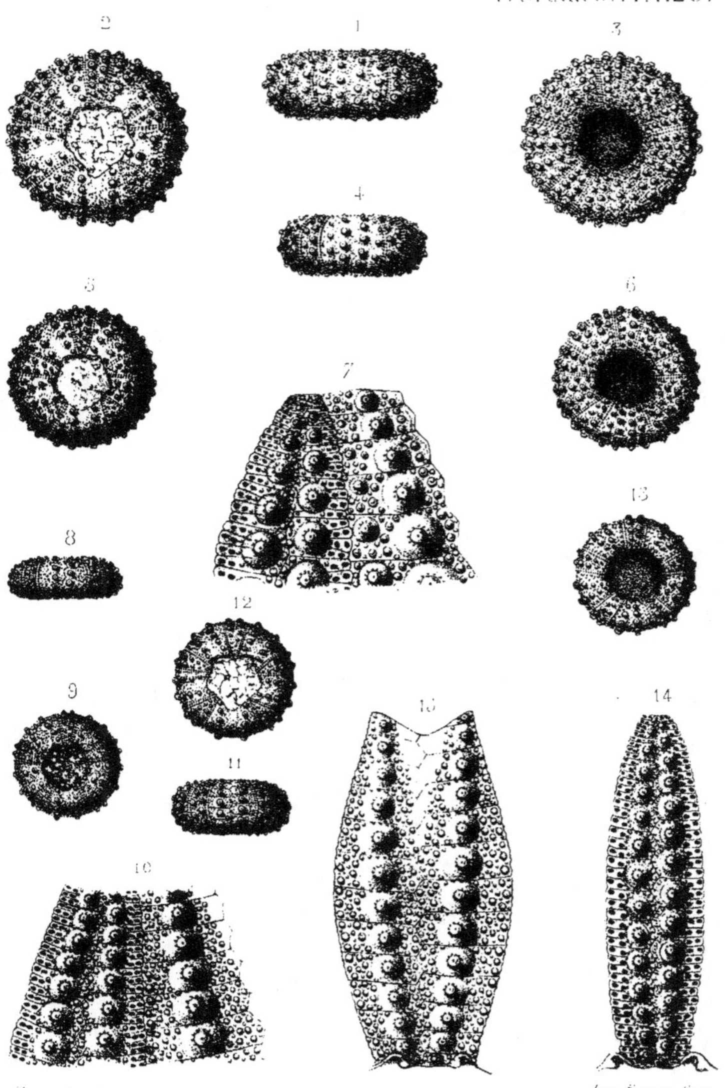

1 . 3 . *Pseudodiadema variolare*. Cotteau. (Turonien.)
4 . 7 . P. ———— *Verneuilli*. Cotteau. (Cénom.)
8 . 15 . P. ———— *Guerangeri*. ———— ————

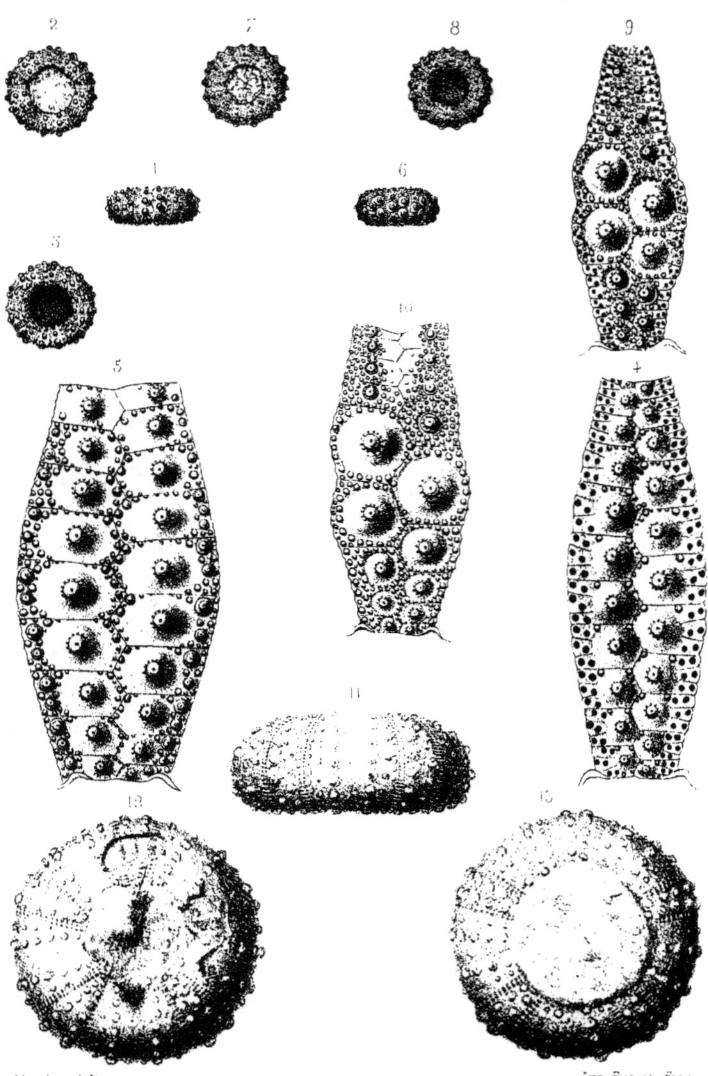

1 - 5. *Pseudodiadema Deshayesi*, Cotteau. (Cénom.)
6 - 10. P. _______ *elegantulum*, Cotteau. (Cénom. et Tur.)
11 - 13. P. _______ *Archiaci*, Cotteau. (Cénom.)

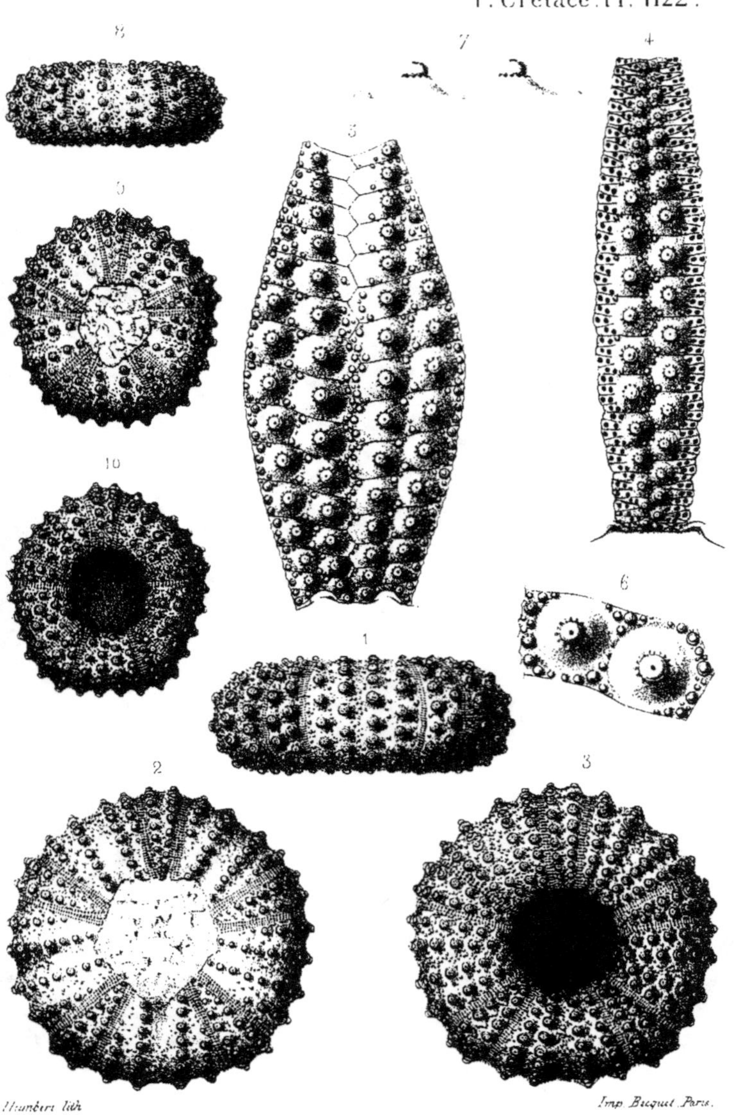

Humbert lith.

Imp. Becquet Paris.

Pseudodiadema Marticense, Cotteau. (Turon.)

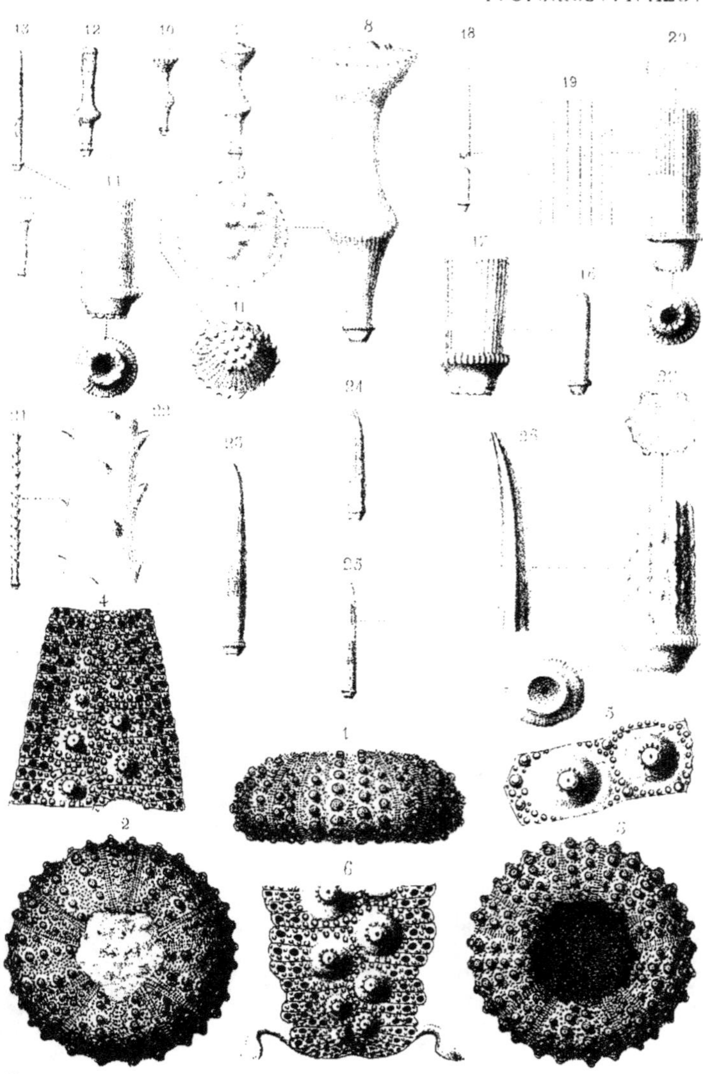

1 _ 6. *Pseudodiadema Maresi*, Cotteau. (Turon.)
7 _ 15. P. _____________ *floriferum*, Cotteau. (Néoc. inf.)
16 _ 17. P. _____________ *incertum*, de Loriol. (Néoc. moy.)
18 _ 20. P. _____________ *Dupini*, Cotteau. (Aptien.)
21 _ 22. P. _____________ *piniforme*, Cotteau. (Cénom.)
23 _ 27. P. _____________ *carinella*, _____________

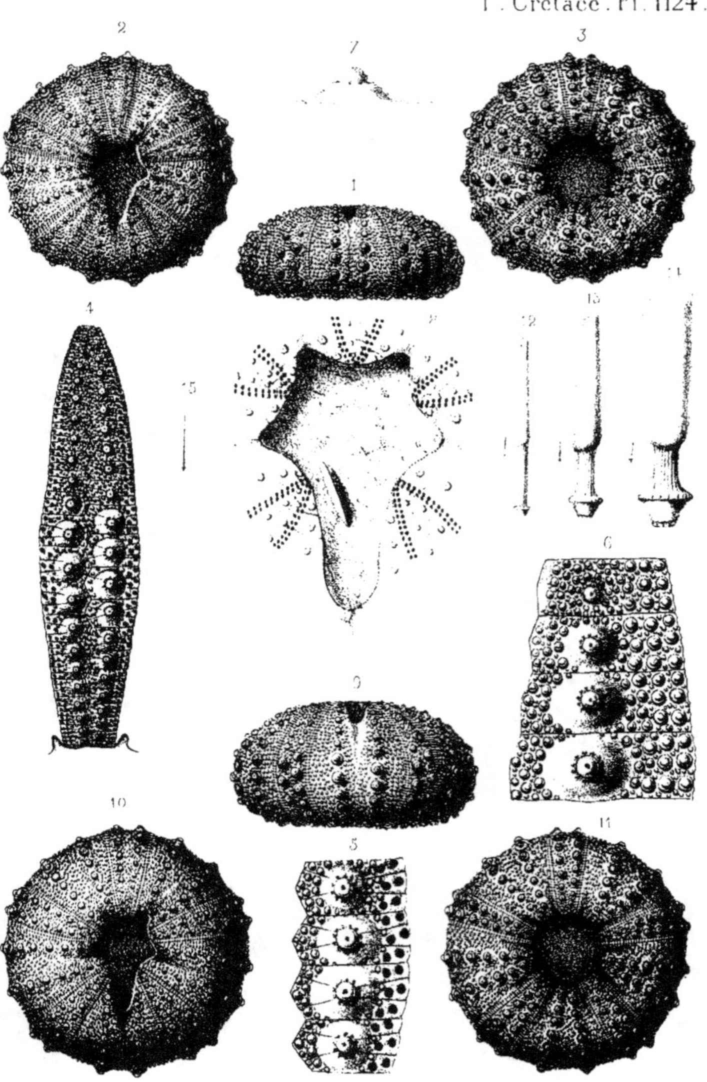

Hambert lith.

Imp. Becquet Paris.

Heterodiadema Lybicum, Cotteau. (*Turon.*)

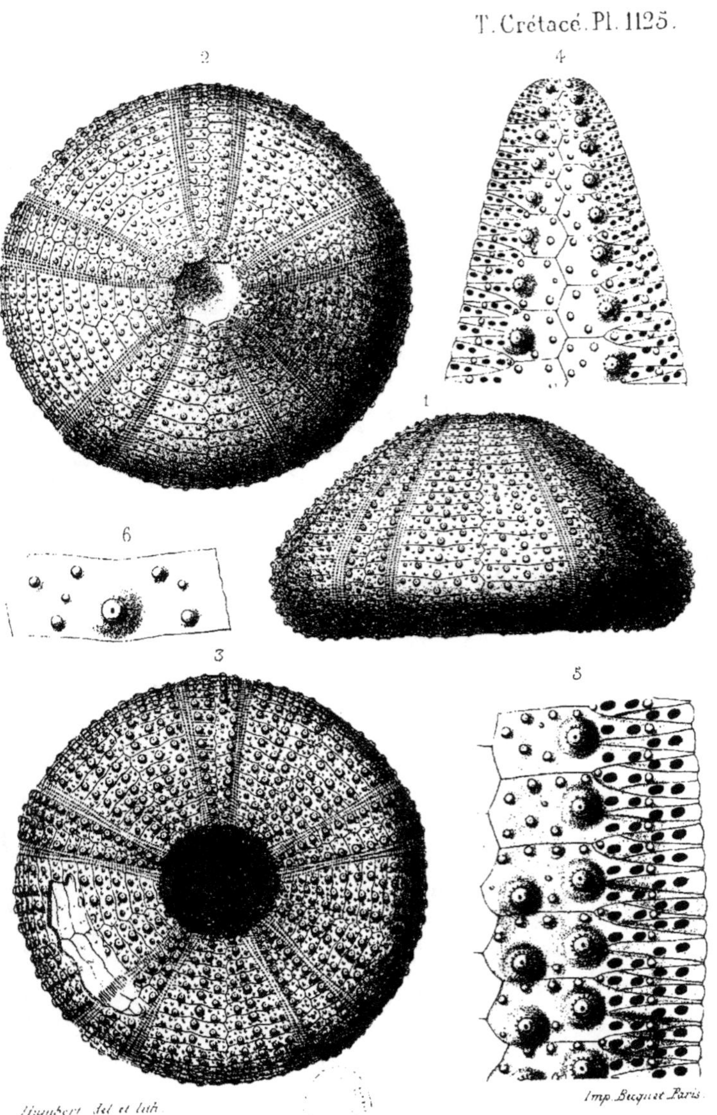

Pedinopsis Meridanensis, Cotteau. (Néoc.)

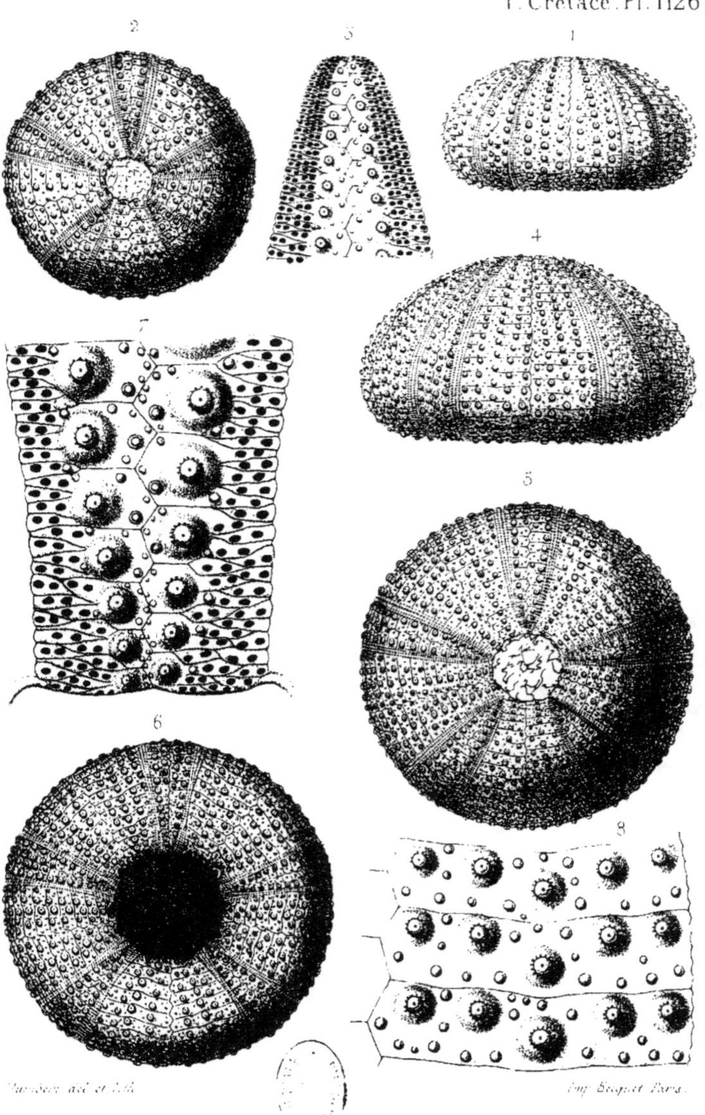

Pedinopsis Meridanensis, Cotteau. (Nlle.)

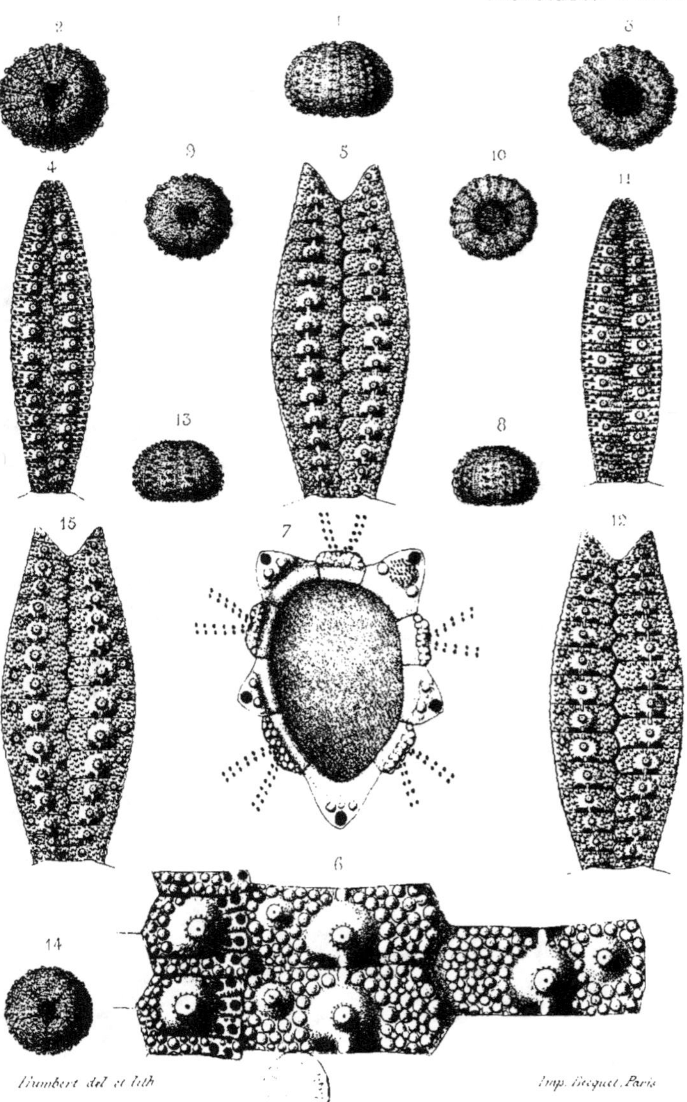

Glyphocyphus radiatus, Desor. (Cénom.)

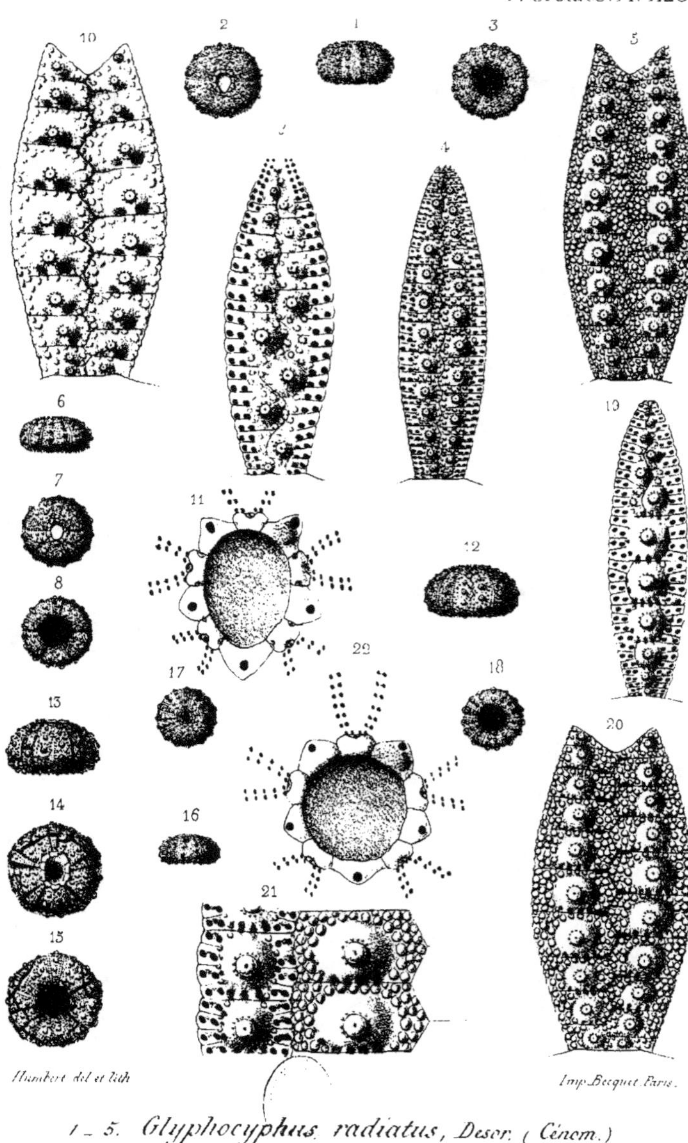

1 _ 5. *Glyphocyphus radiatus*, Desor. (Cénom.)
6 _ 15. G. _________ *intermedius*, Cotteau. ______
16 _ 22. G. _________ *rugosus*, _________ ______

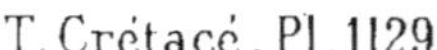

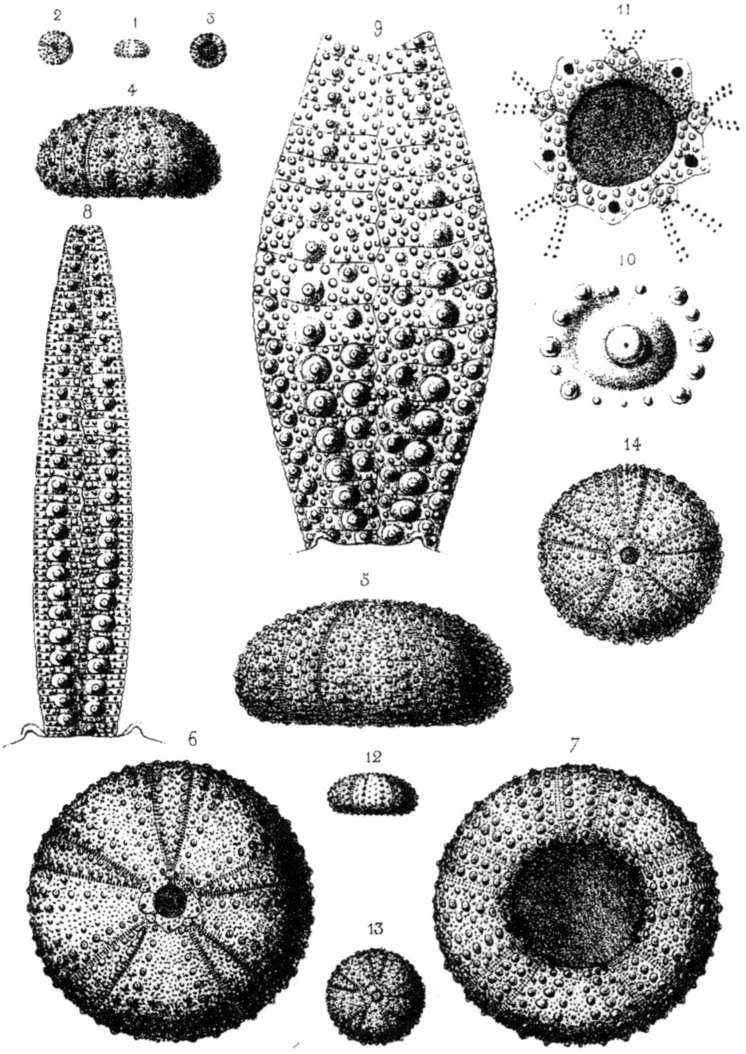

Humbert del et lith.

Imp. Becquet Paris.

1_4. *Hemipedina minima*, Cotteau. (Néoc. moy.)

5_13. *Orthopsis Repellini*, Cotteau. (Néoc. inf. et sup.)

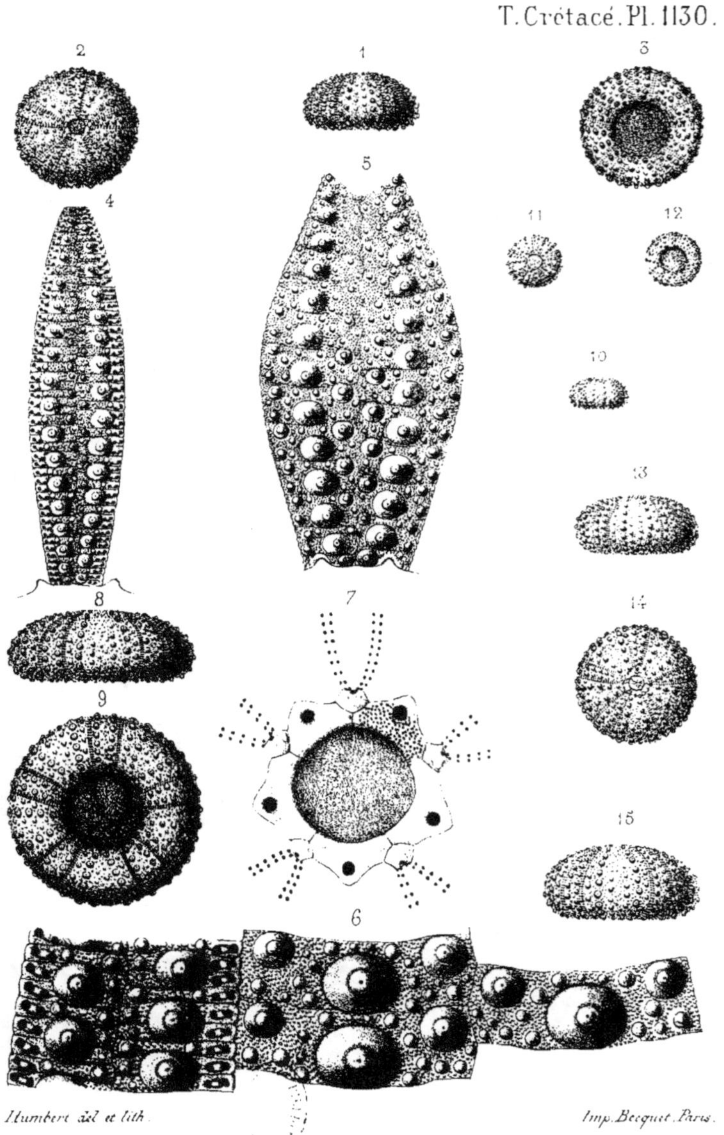

Orthopsis granularis, Cotteau. (Cénom.)

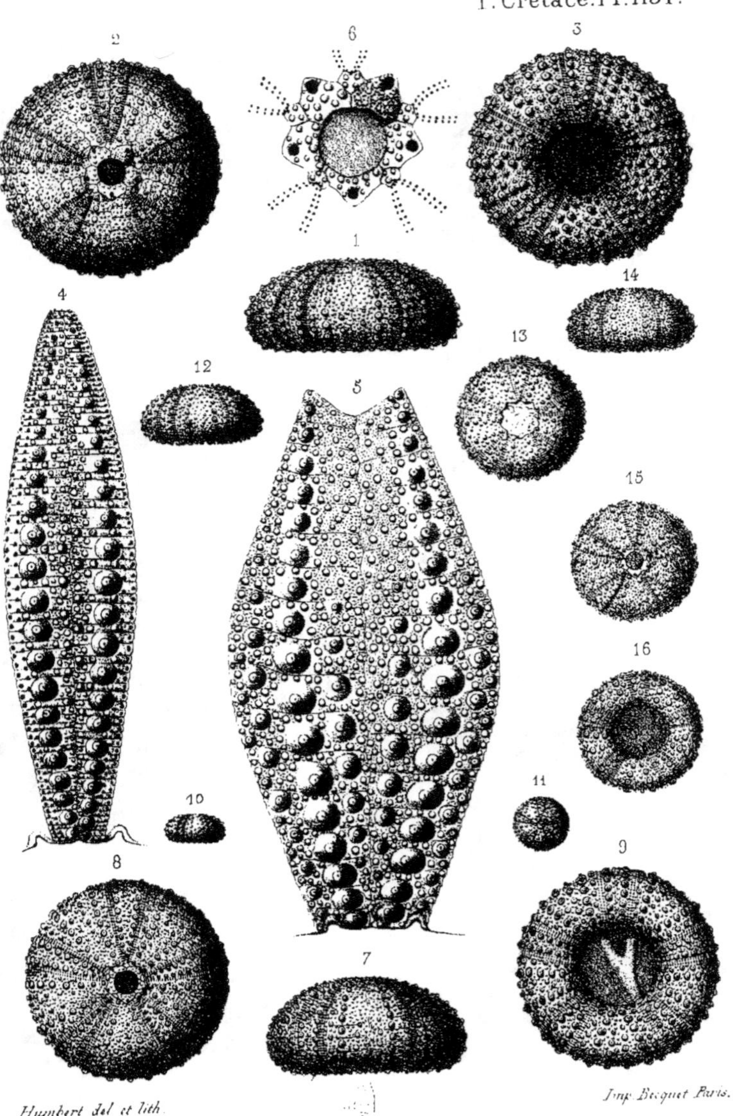

Orthopsis miliaris, Cotteau. (*Turon. et Sénon.*)

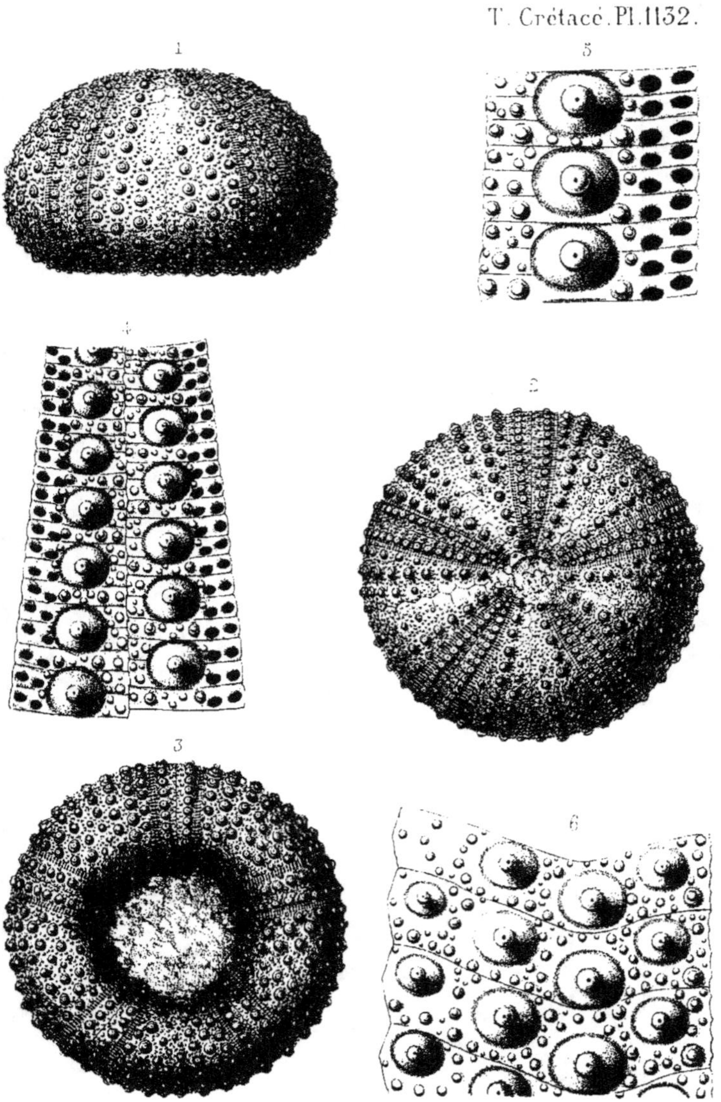

Orthopsis ovata, Cotteau. (Turonien.)

Humbert del et lith.

Imp. Becquet. Paris.

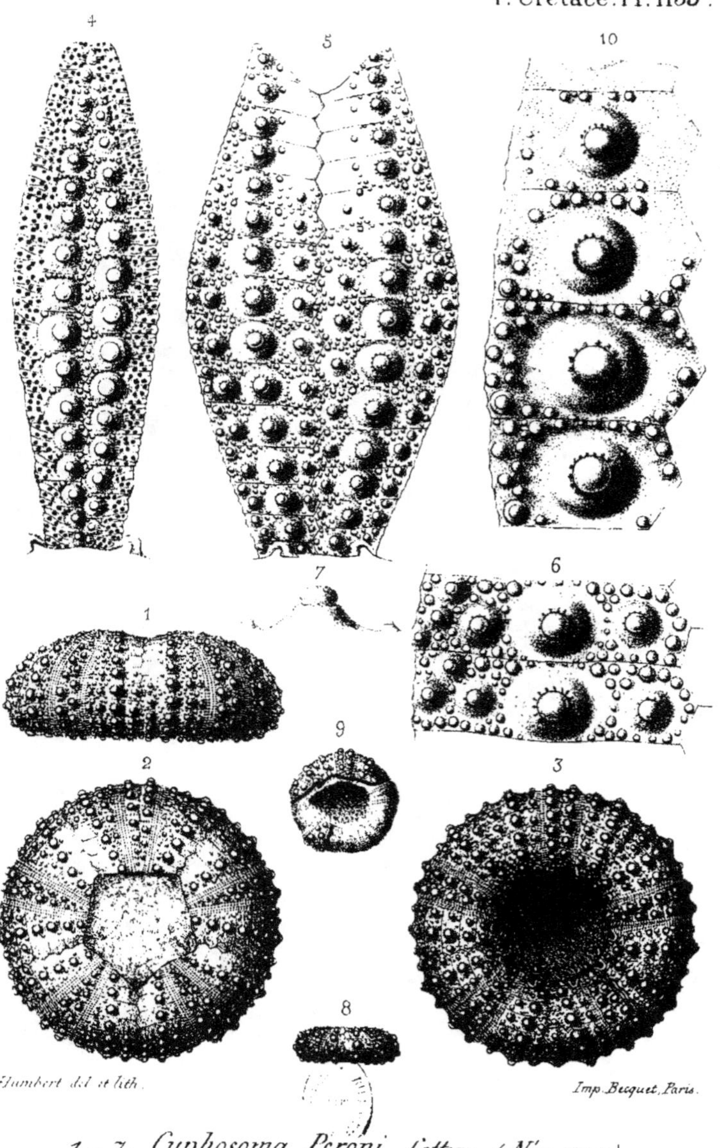

1 – 7. *Cyphosoma Peroni*, Cotteau. (Néoc. moy.)

8 – 10. *C. _______ paucituberculatum*, A. Gras. (Néoc. inf.)

Humbert del. et lith.

Imp. Becquet, Paris.

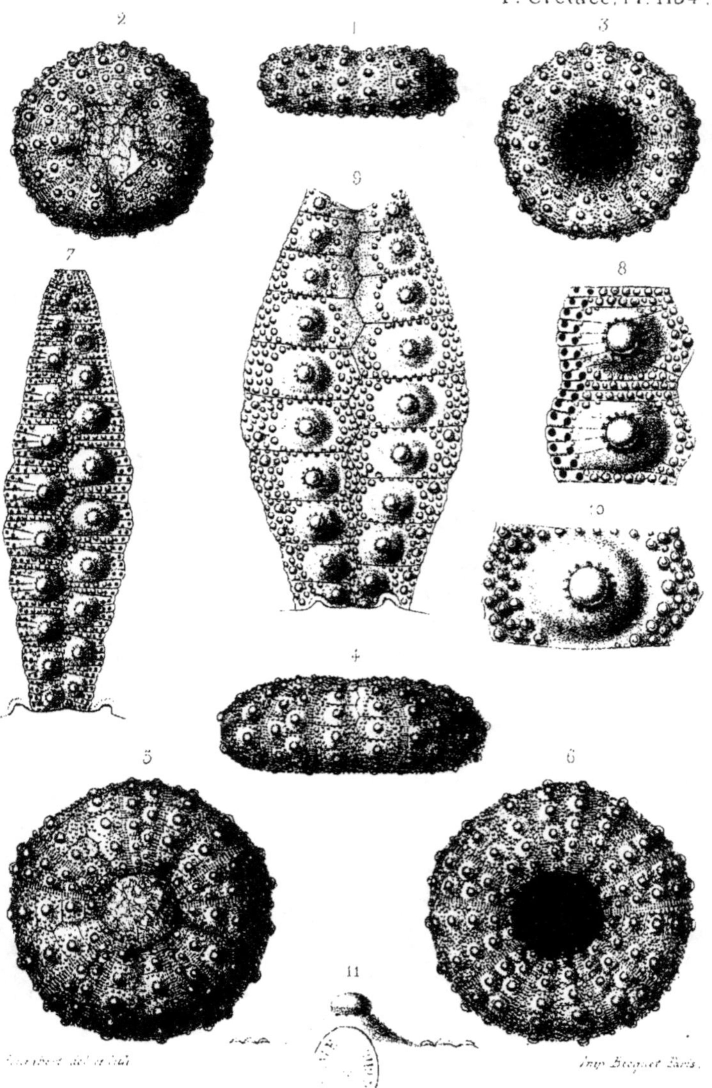

Cyphosoma paucituberculatum, A. Gras. (Néoc. inf.)

Lambert del. et lith.

Imp. Becquet, Paris.

Cyphosoma Loryi, A. Gras. (Néoc. inf., moy. et sup.)

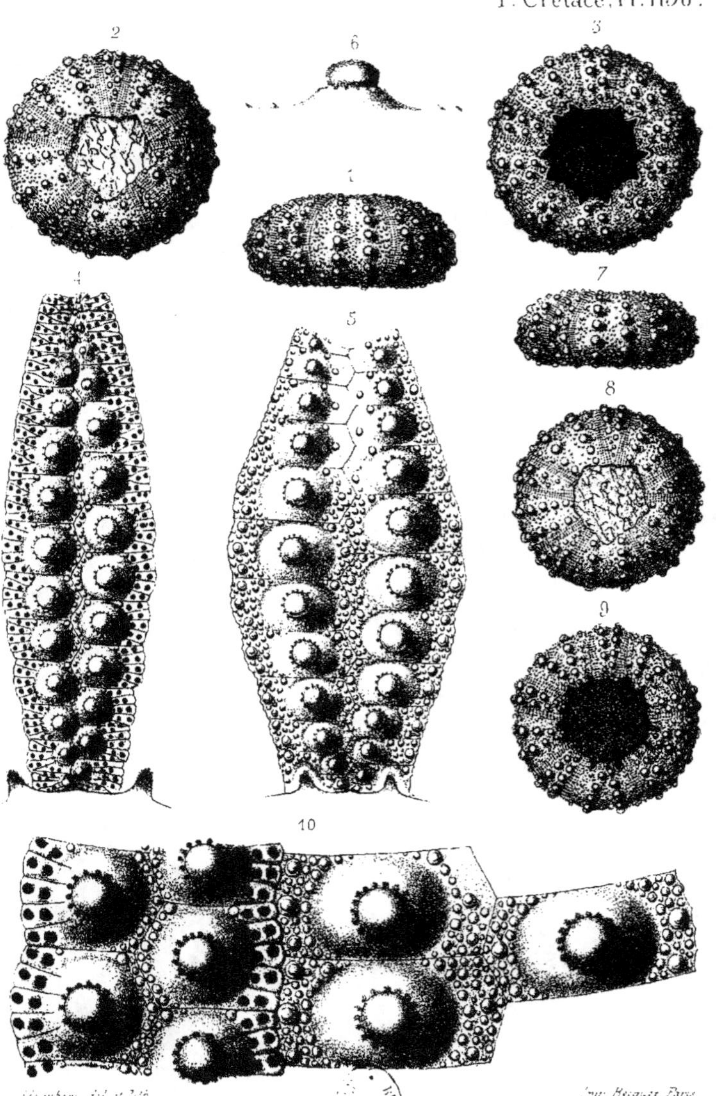

Cyphosoma Loryi, A. Gras. (*Néoc. sup.*)

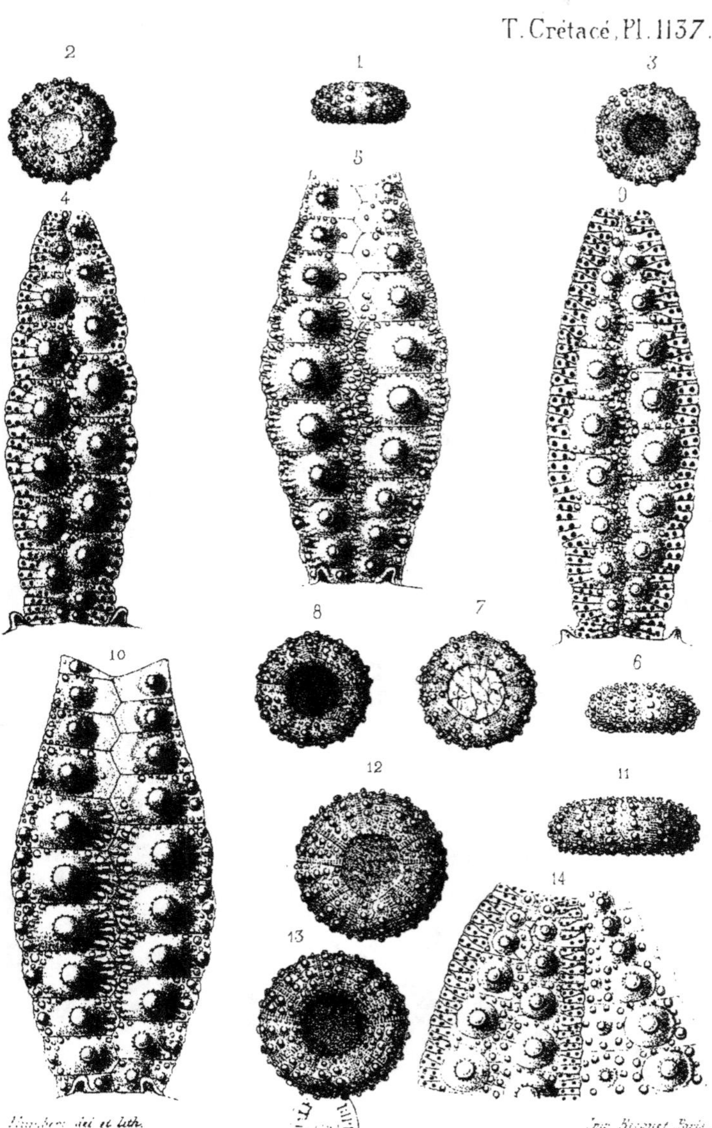

1 _ 5. *Cyphosoma Aquitanicum*, Cotteau. (*Néoc. sup.*)

6 _ 13. *C. ————— Cenomanense*, Cotteau. (*Cénom.*)

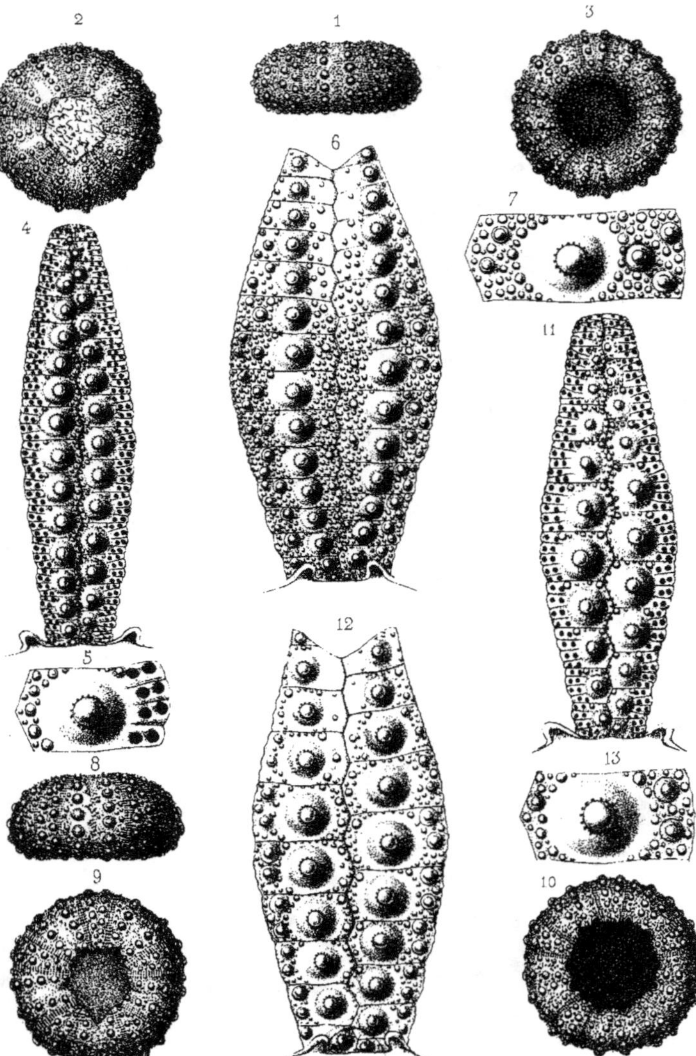

1 — 7. *Cyphosoma Bargesi*, Cotteau. (Cénom.)

8 — 13. C. ———— *Baylei*, Cotteau. (Tur.)

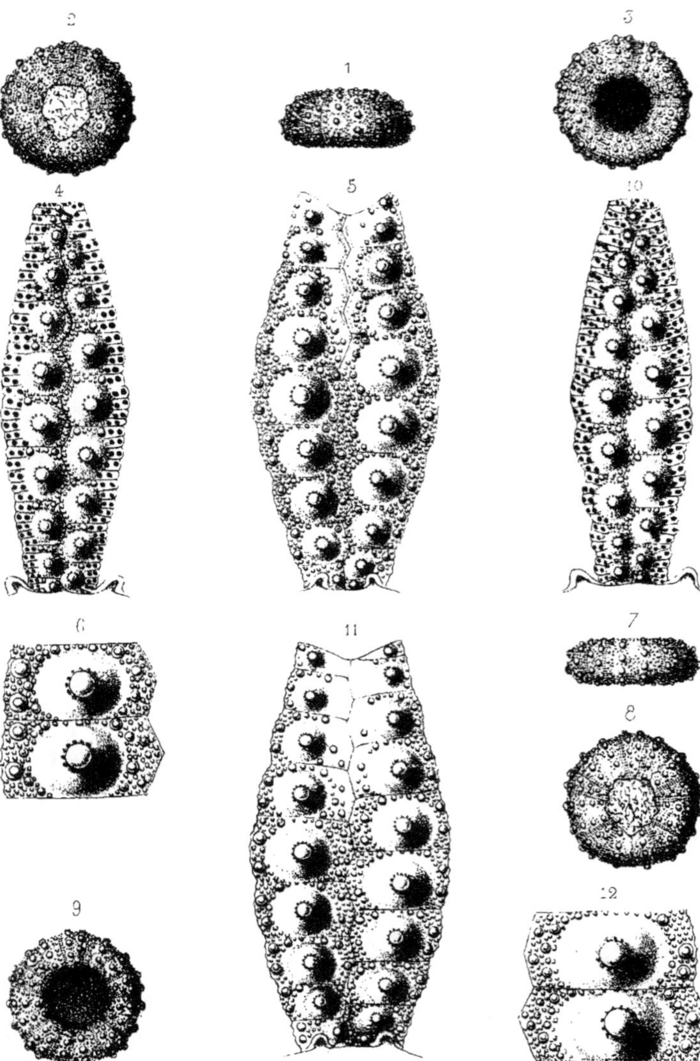

1 — 6. *Cyphosoma Baylei*, Cotteau. (Tur.)
7 — 12. *C. ———— Coquandi*, ———— ——

Humbert del. et lith.

Imp. Becquet Paris.

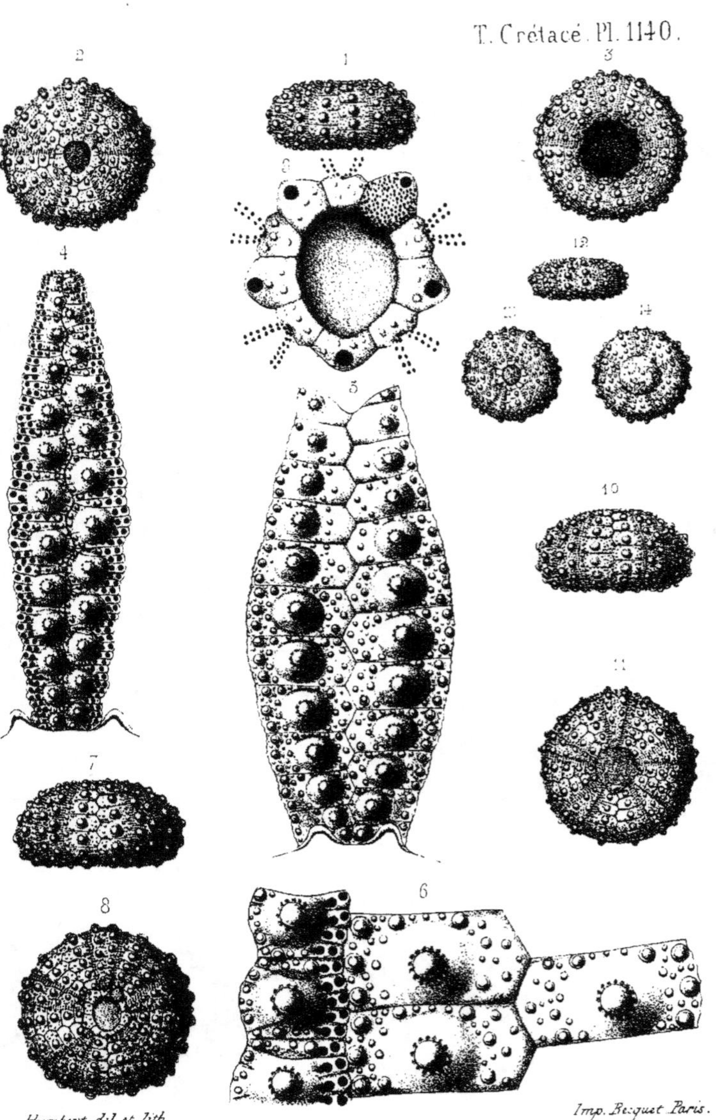

Cyphosoma Delamarrei, Deshayes. (Tur.)

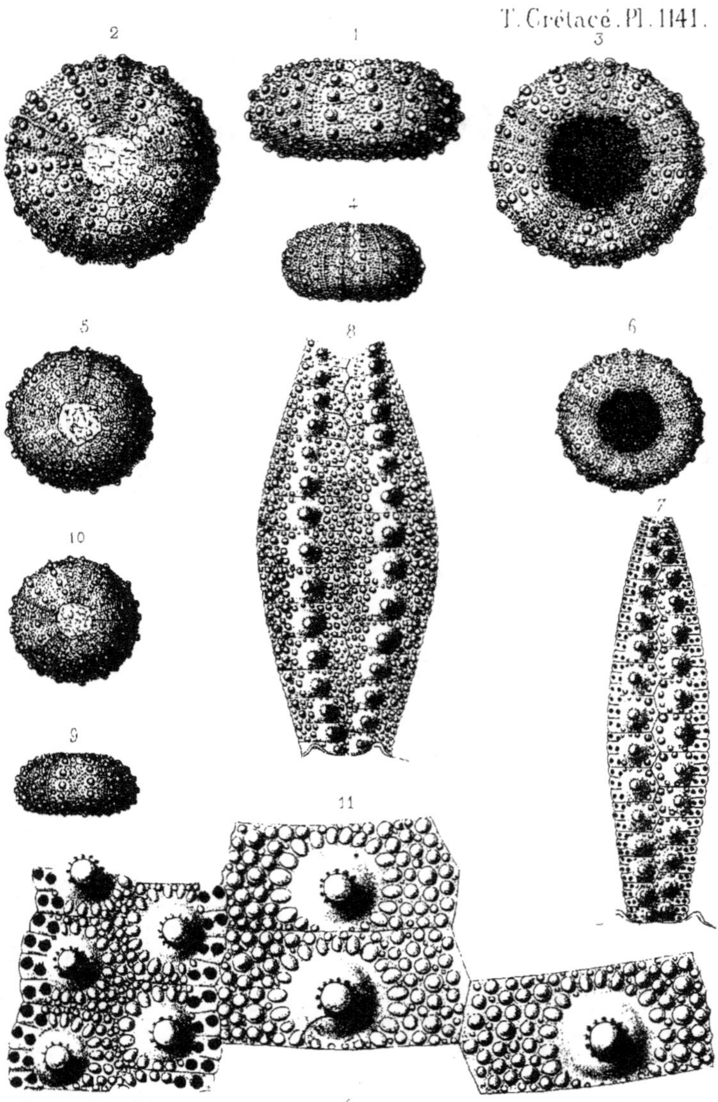

Humbert del. et lith.

Imp. Becquet, Paris.

1—3. *Cyphosoma Delamarrei*, Deshayes. (*Tur.*)

4—11. C.______ *Schlumbergeri*, Cotteau. id.

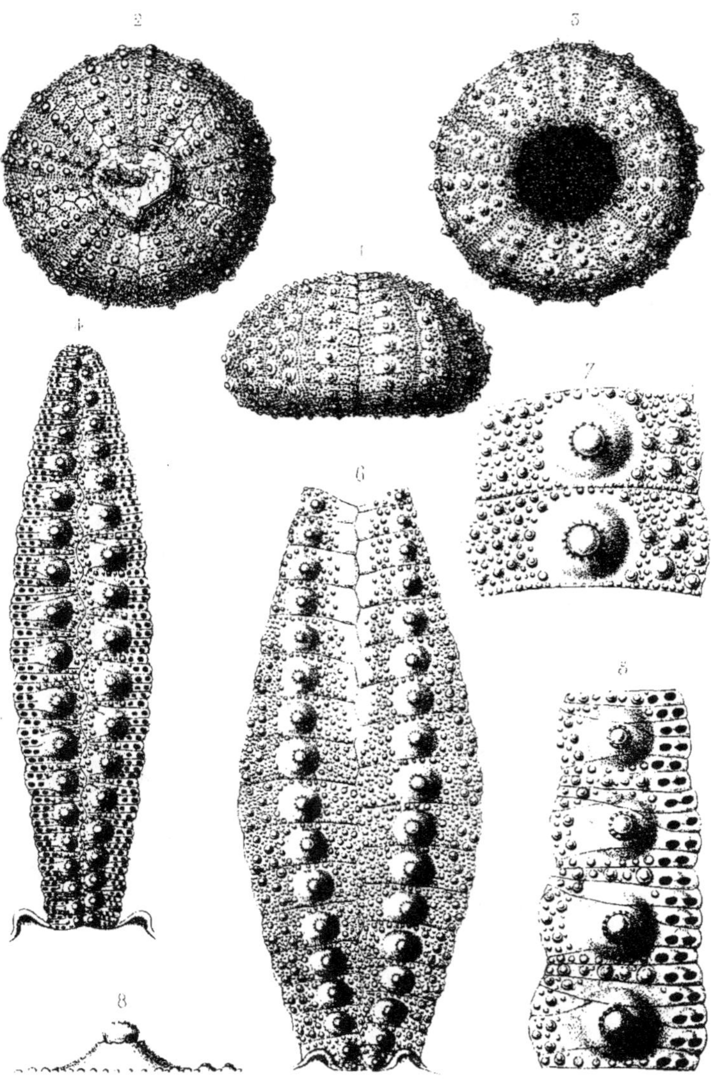

Humbert del. et lith.

Imp. Becquet, Paris.

Cyphosoma Batnense, Cotteau. (Tur.)

Humbert del et lith.

Imp. Becquet, Paris.

Cyphosoma major, Coquand. (Tur.)

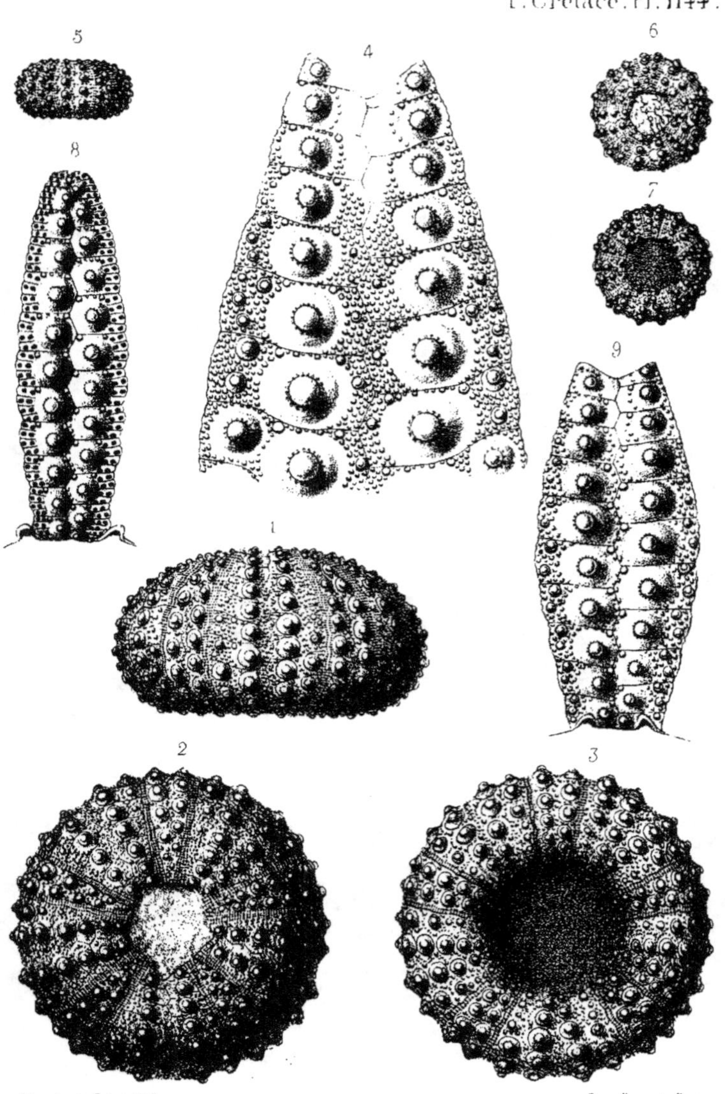

Humbert del. et lith.

Imp. Becquet Paris.

Cyphosoma major, Coquand. (Tur.)

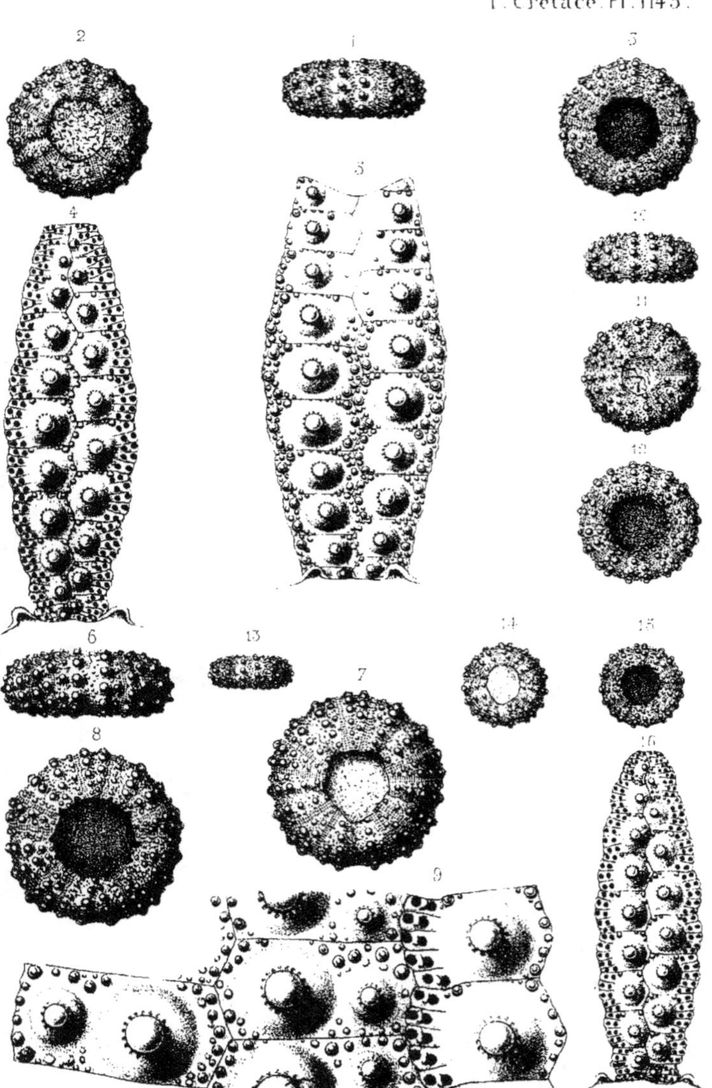

Cyphosoma regulare, Agassiz. (Tur.)

Humbert del. et lith.

Imp. Becquet Paris.

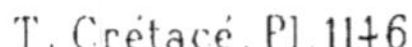

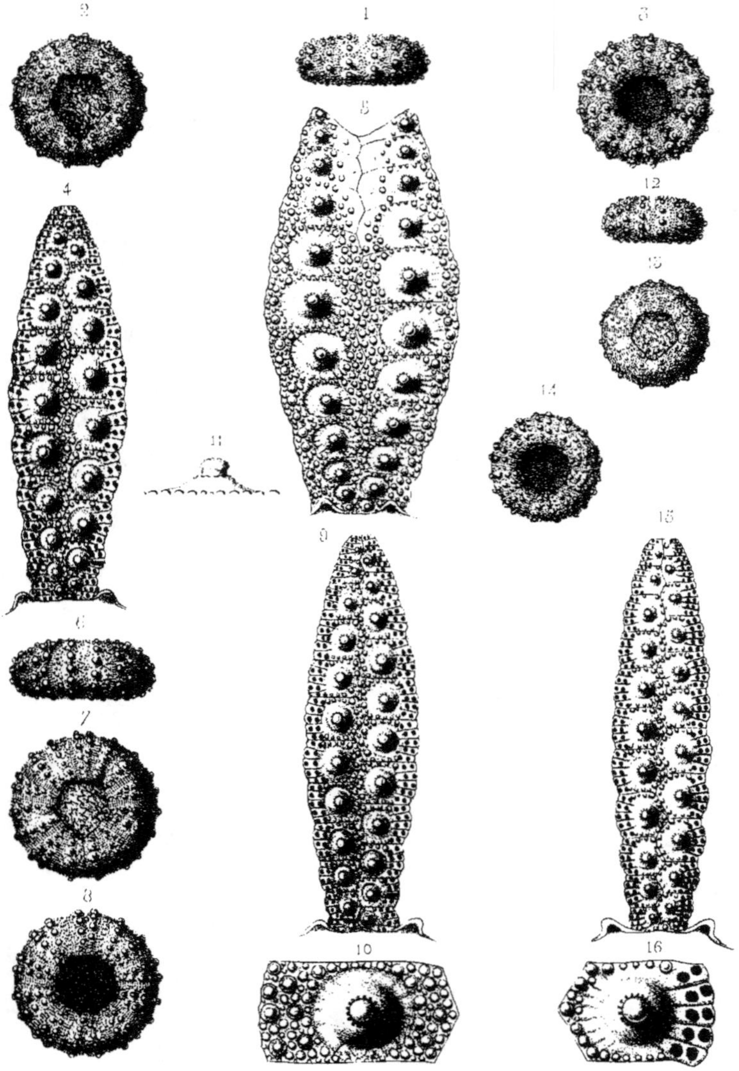

Cyphosoma tenuistriatum, Agassiz. (Tur.)

Humbert del. et lith.

Imp. Becquet, Paris.

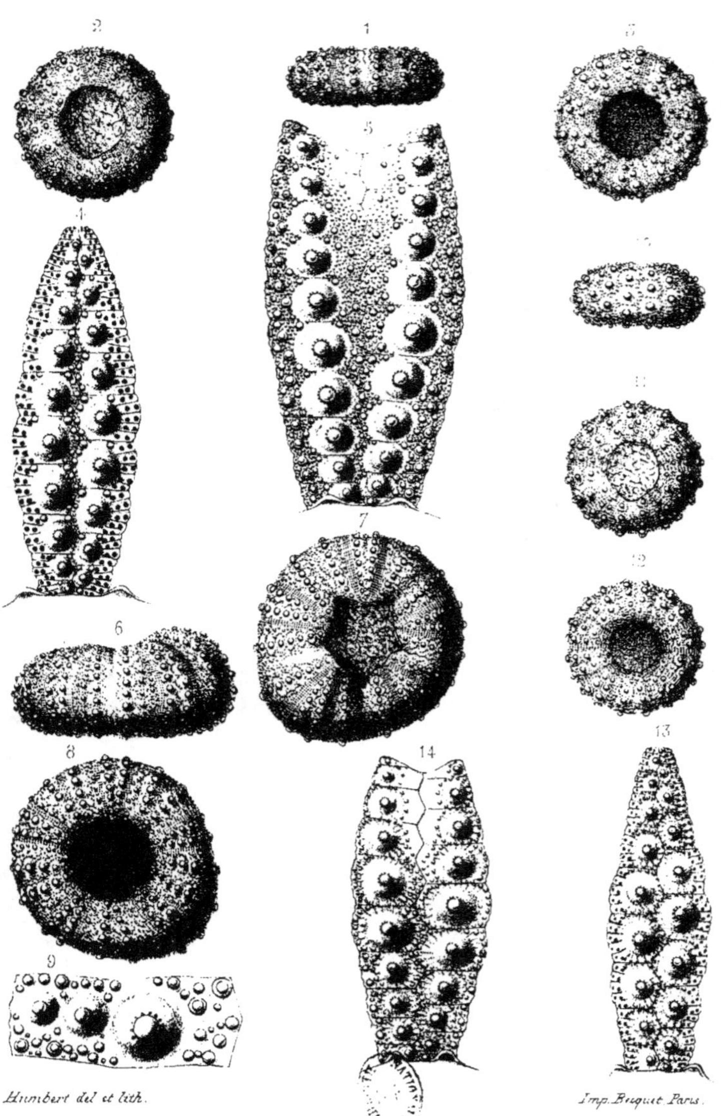

Humbert del. et lith.

Imp. Becquet, Paris.

1 – 9. *Cyphosoma Orbignyanum*, Cotteau. (Tur. et Sén. inf.)
10 – 14. C. ———— *radiatum*, Sorignet. (Tur.)

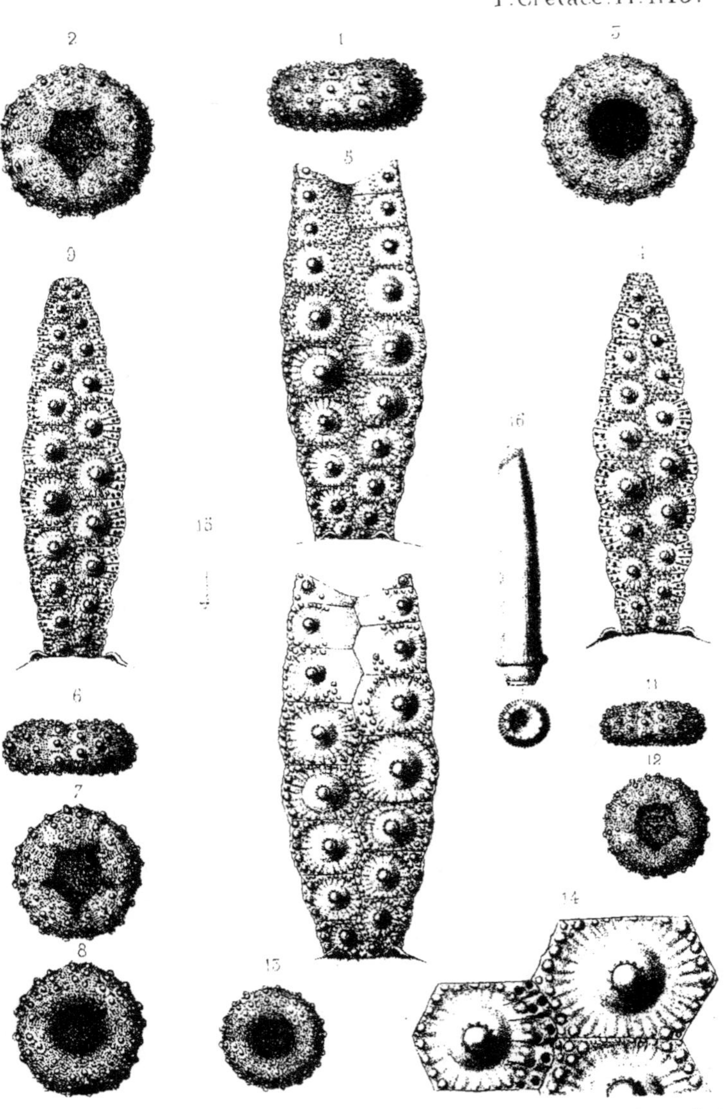

Cyphosoma radiatum, Sorignet. (Sén.)

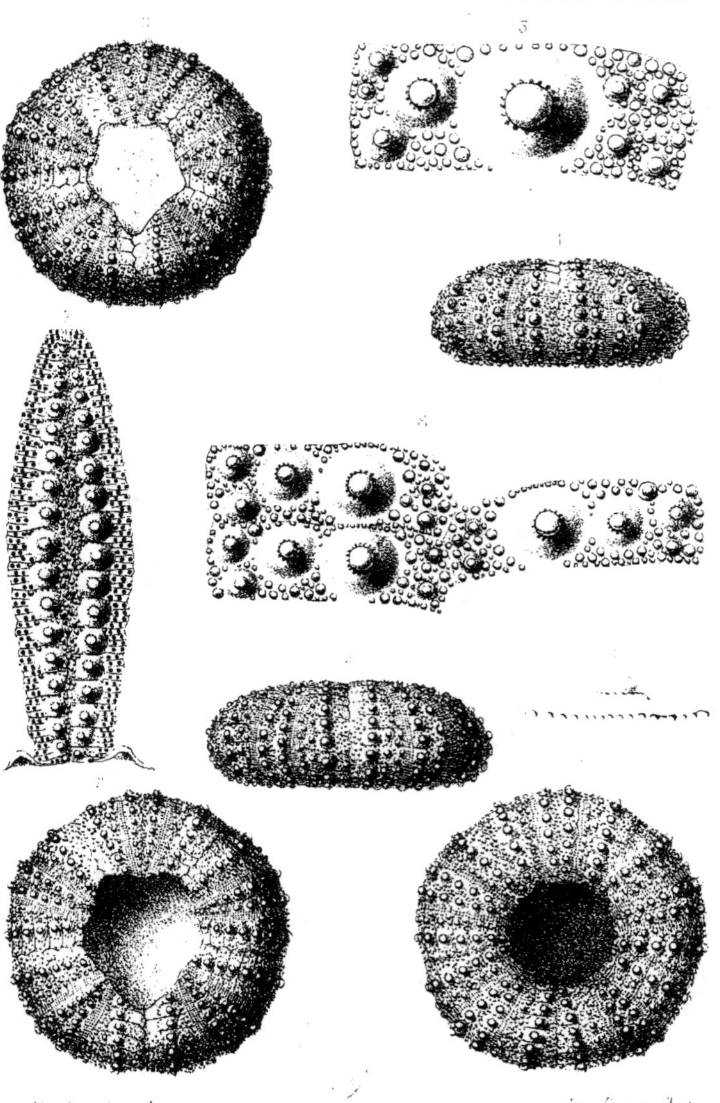

Cyphosoma Archiaci, Cotteau. (Sen.)

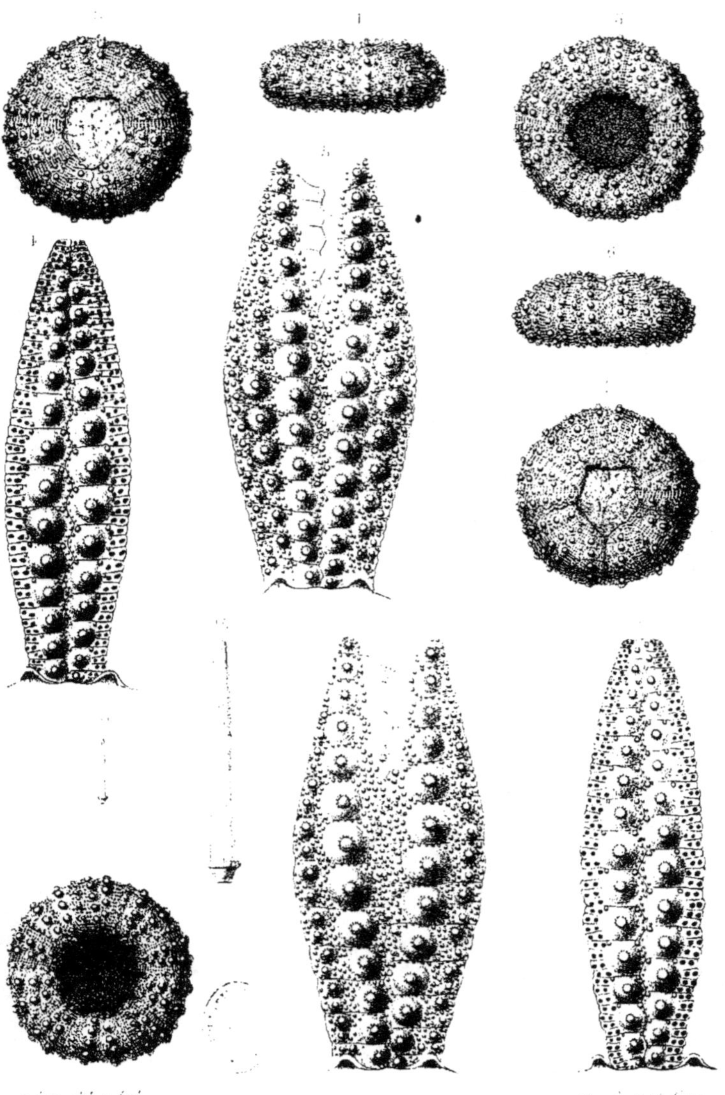

Cyphosoma Maresi, Cotteau. (Sén. inf.)

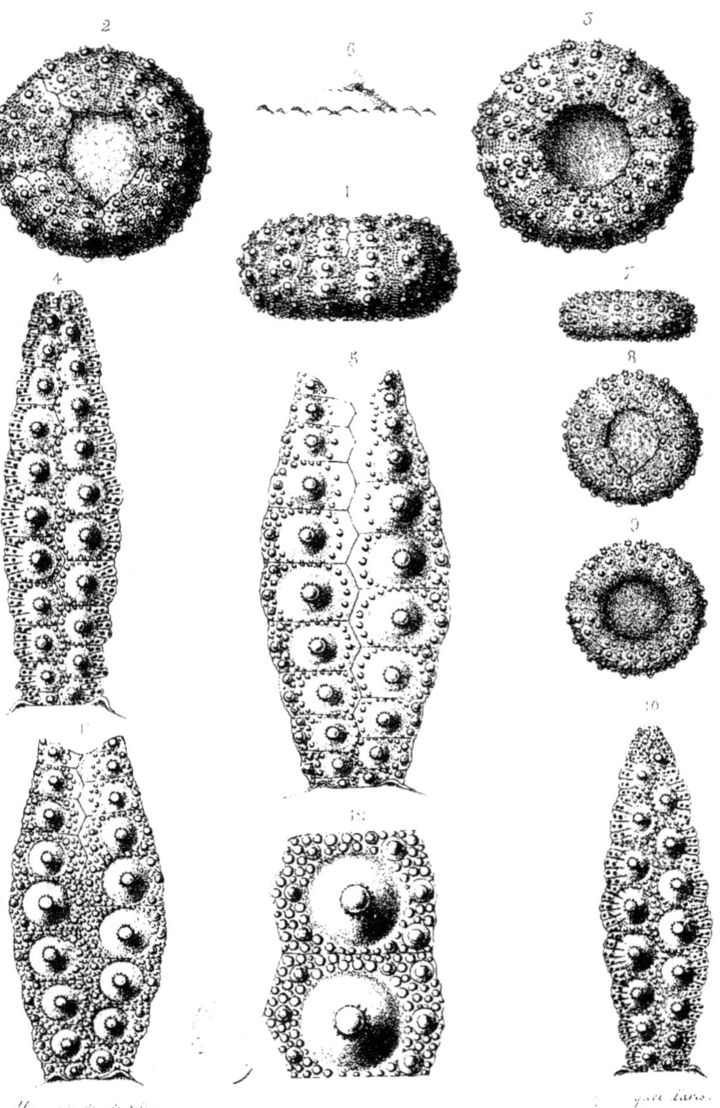

1 - 6. *Cyphosoma costulatum*, Cotteau. (Sén. inf.)

7 - 12. *C. ________ perfectum*, Agassiz. (Sén. inf.)

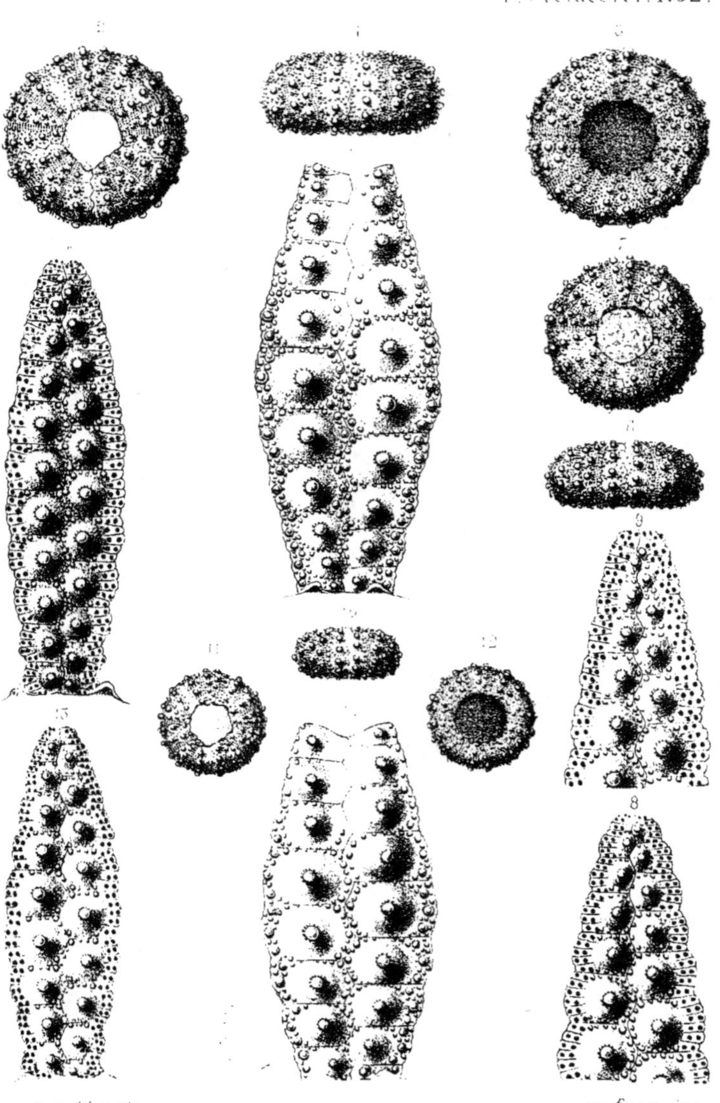

Cyphosoma Delaunayi, (Cotteau.) (Sén. inf.)

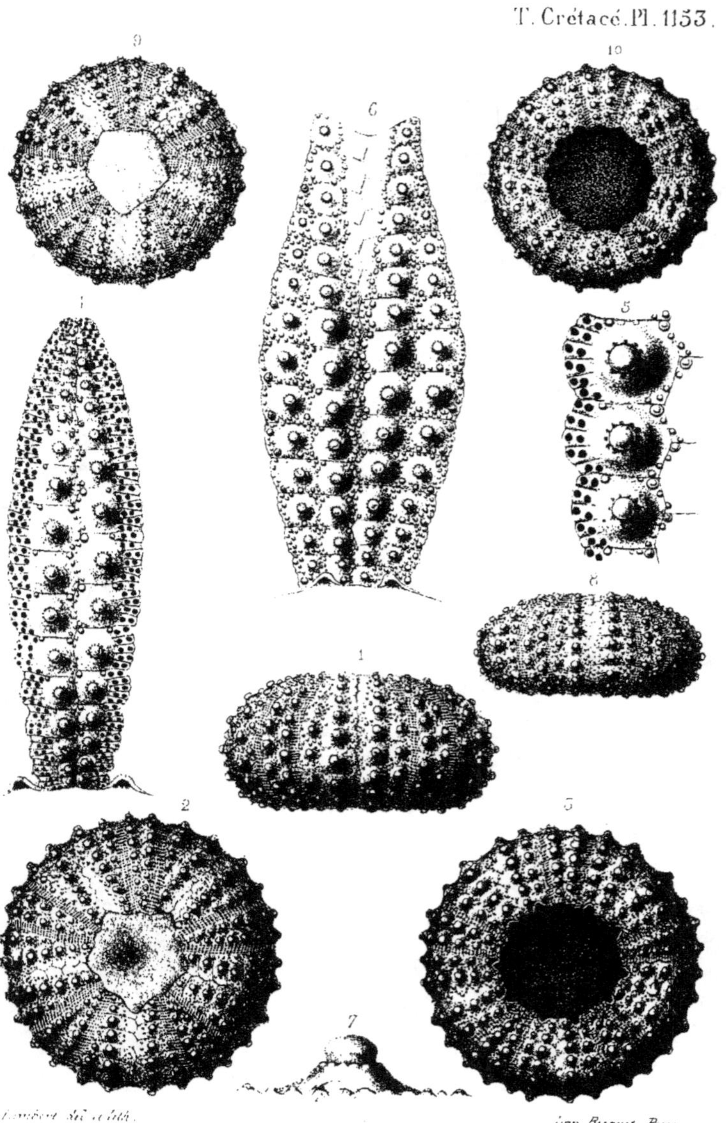

Cyphosoma Bourgeoisi, Cotteau. (Sén. inf.)

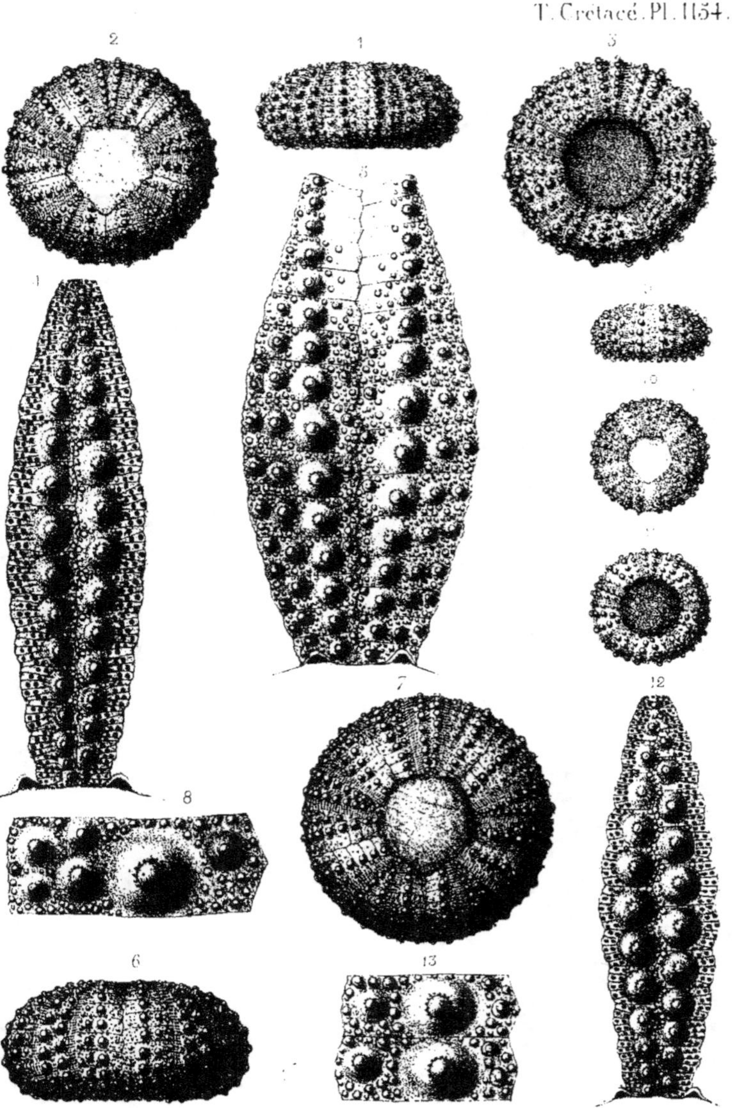

Cyphosoma microtuberculatum, Cotteau. (Sén. inf.)

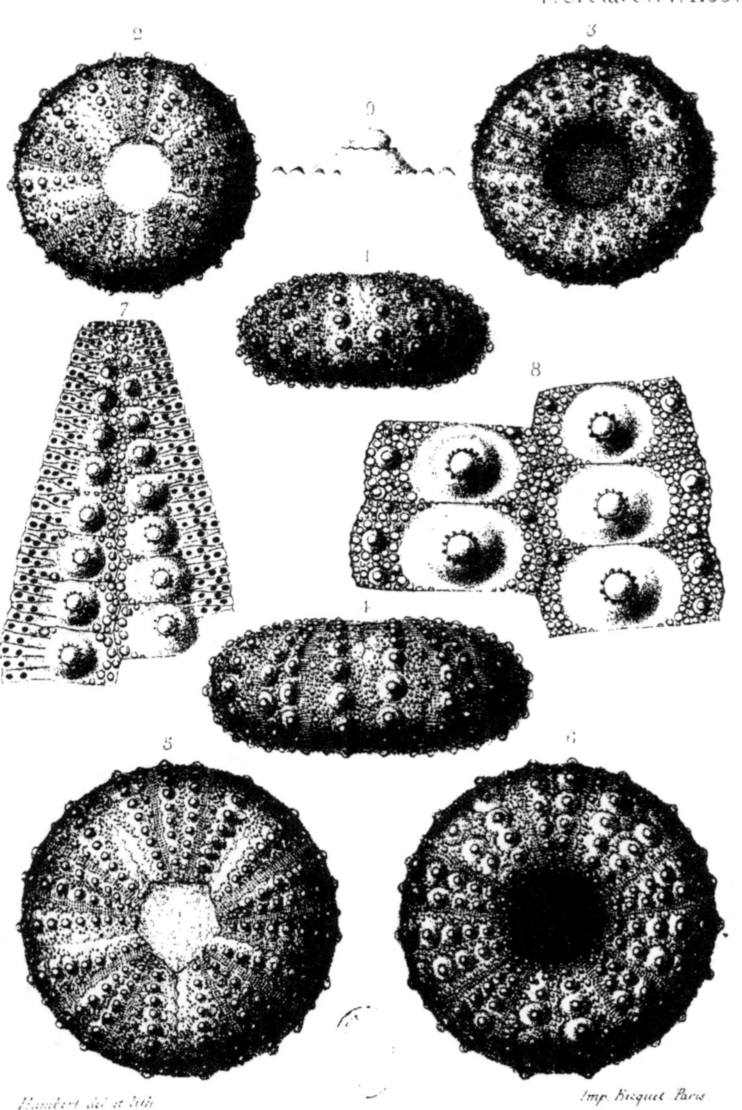

Cyphosoma magnificum, Agassiz. (*Sén. inf.*)

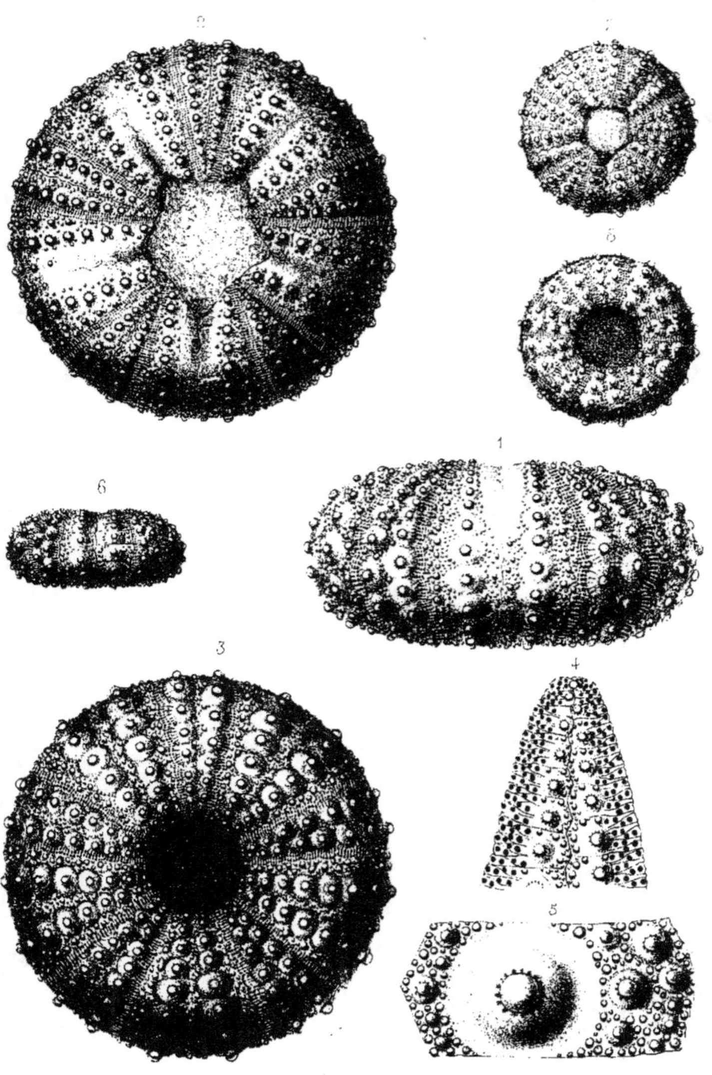

Cyphosoma magnificum, Ag., var. sulcata. (Sén. inf.)

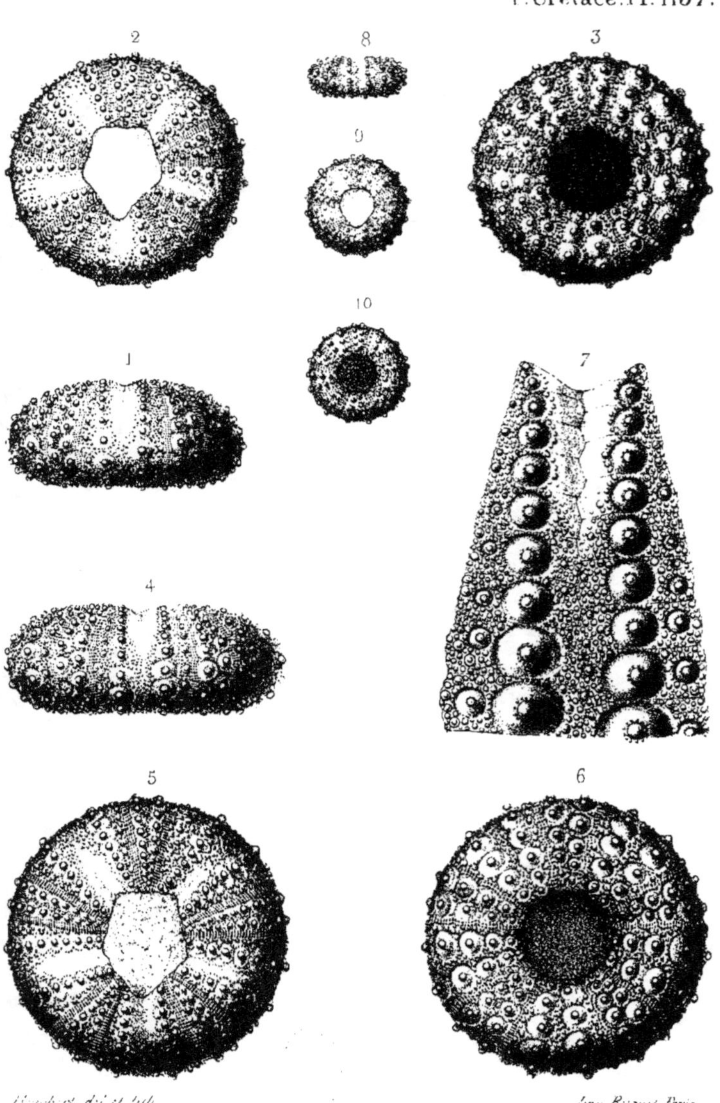

Cyphosoma magnificum. Ag. var. sulcata. (Sén. inf.)

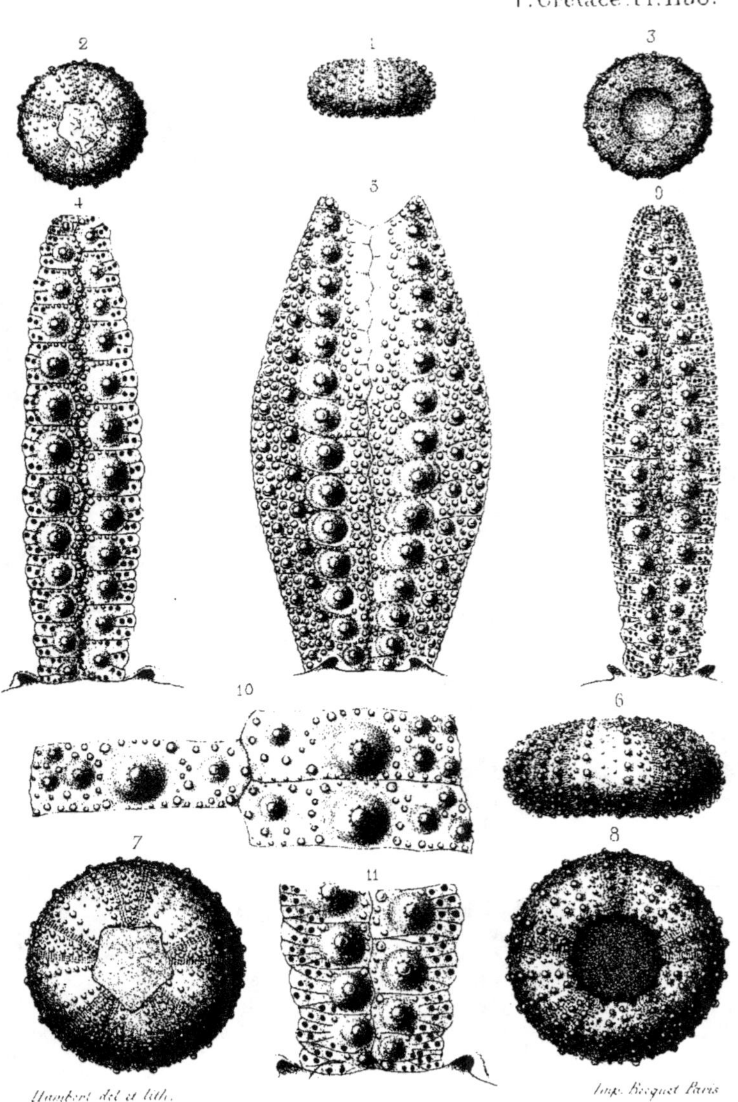

Humbert del. et lith.

Imp. Becquet Paris.

1—5. *Cyphosoma Aublini*, Cotteau. (Sén. inf.)
6—11. *C.______ Carantonianum*, Desor. (Sén. inf.)

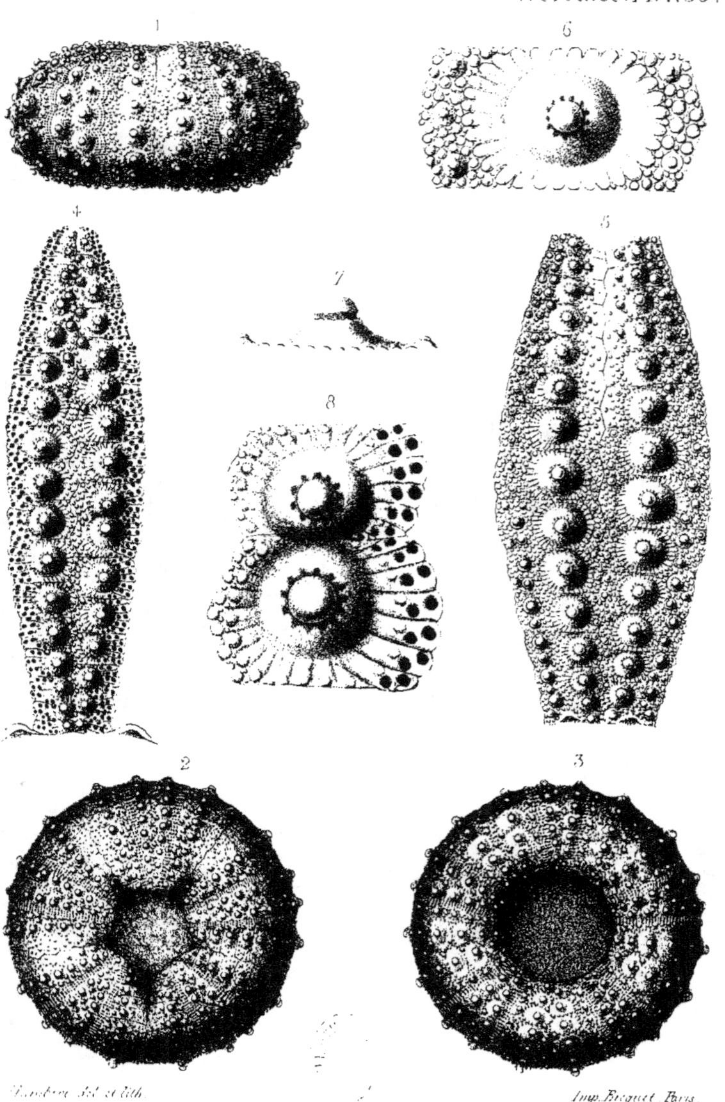

Cyphosoma Sæmanni, Coquand. (Sér. inf.)

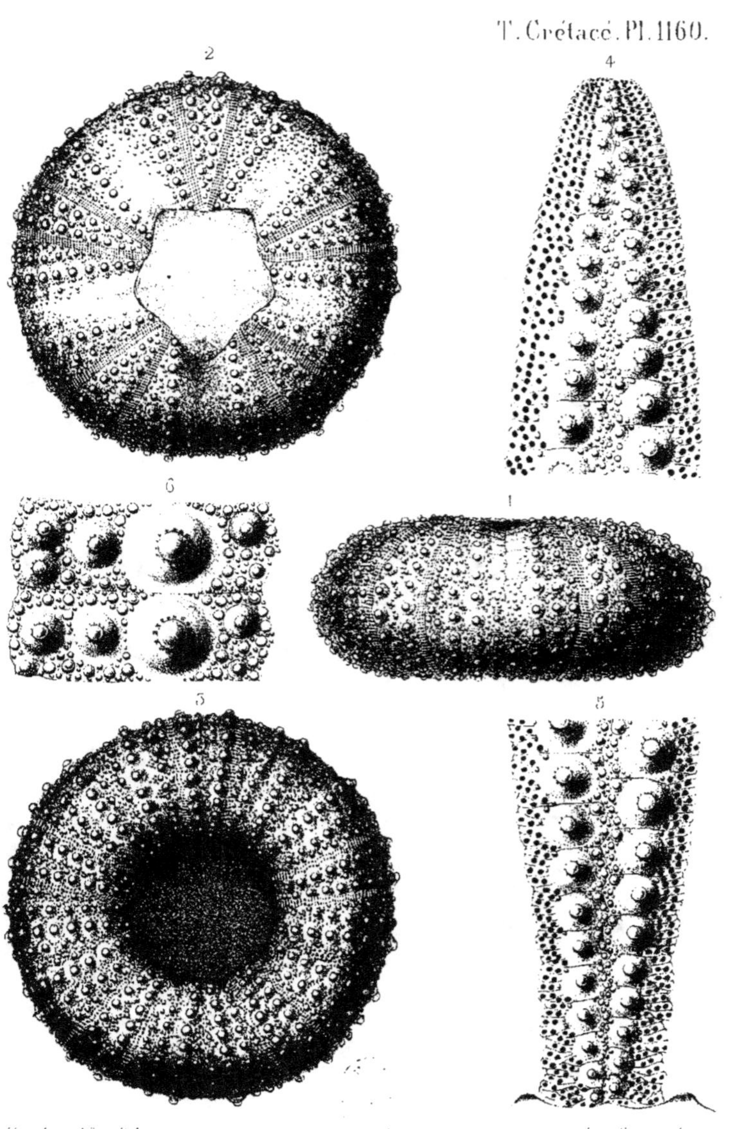

Cyphosoma Girumnense, Desor (Sén. inf.)

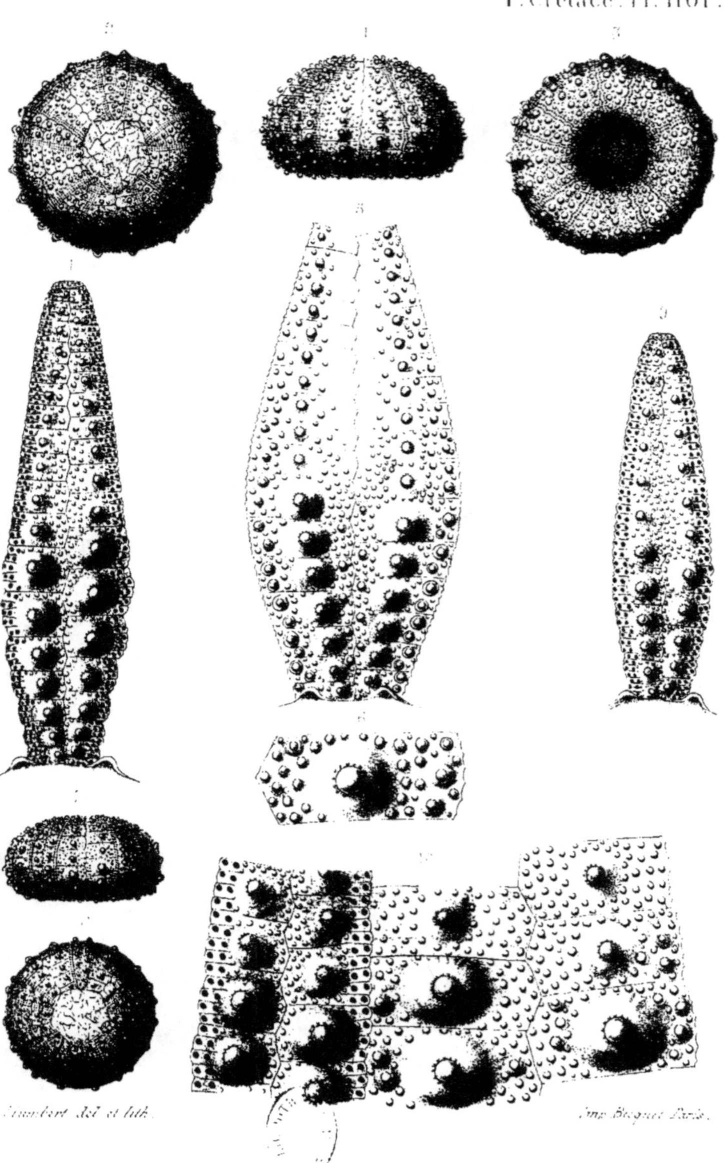

1 — 6. *Cyphosoma Arnaudi*, Cotteau. (Sén. inf.)
7 — 10. C. — — rarituberculatum, — —

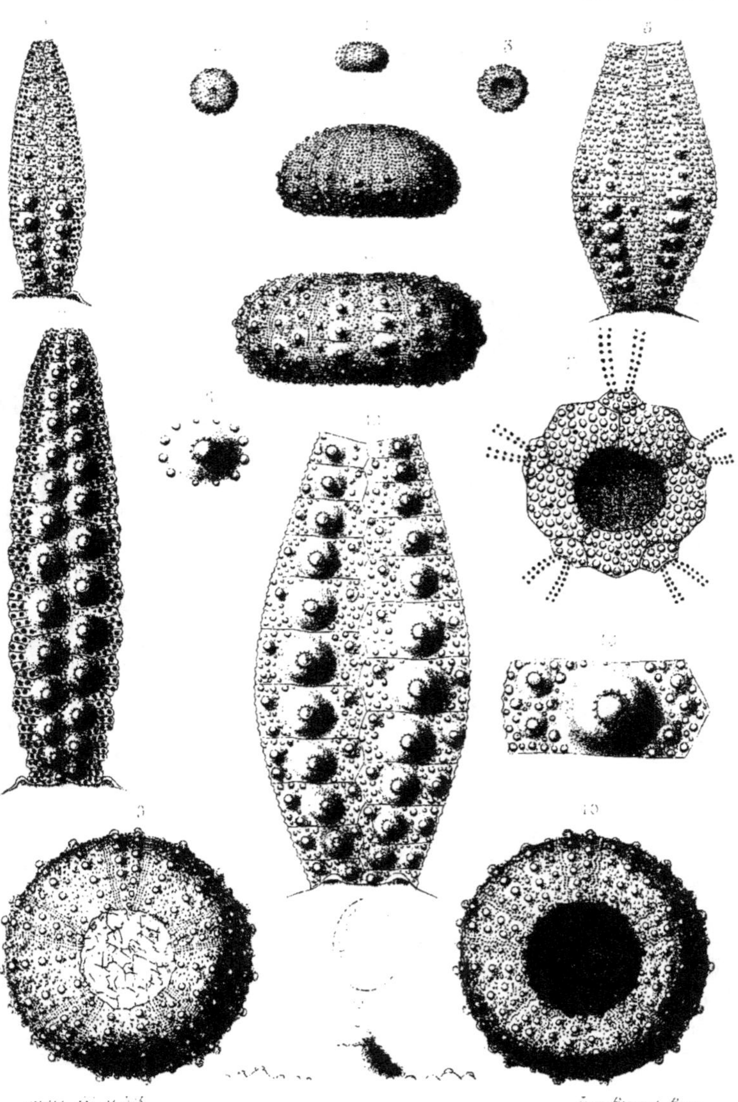

1-7. *Cyphosoma pulchellum*, Cotteau. (Sén. inf.)
8-11. C. ________ Des Moulinsi, ________ ________

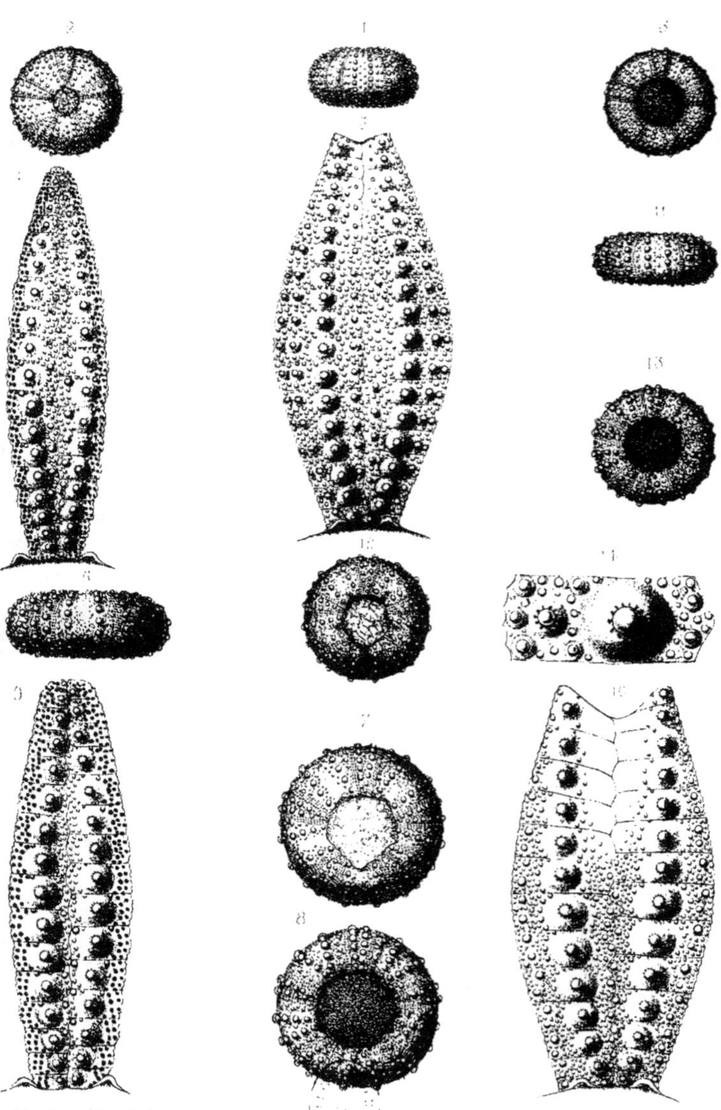

Humbert del. et lith.

Imp. Becquet, Paris.

1. 5. *Cyphosoma Verneuilli*, Cotteau. (Sén. inf.)
6. 14. C. ————— *Ameliæ*.

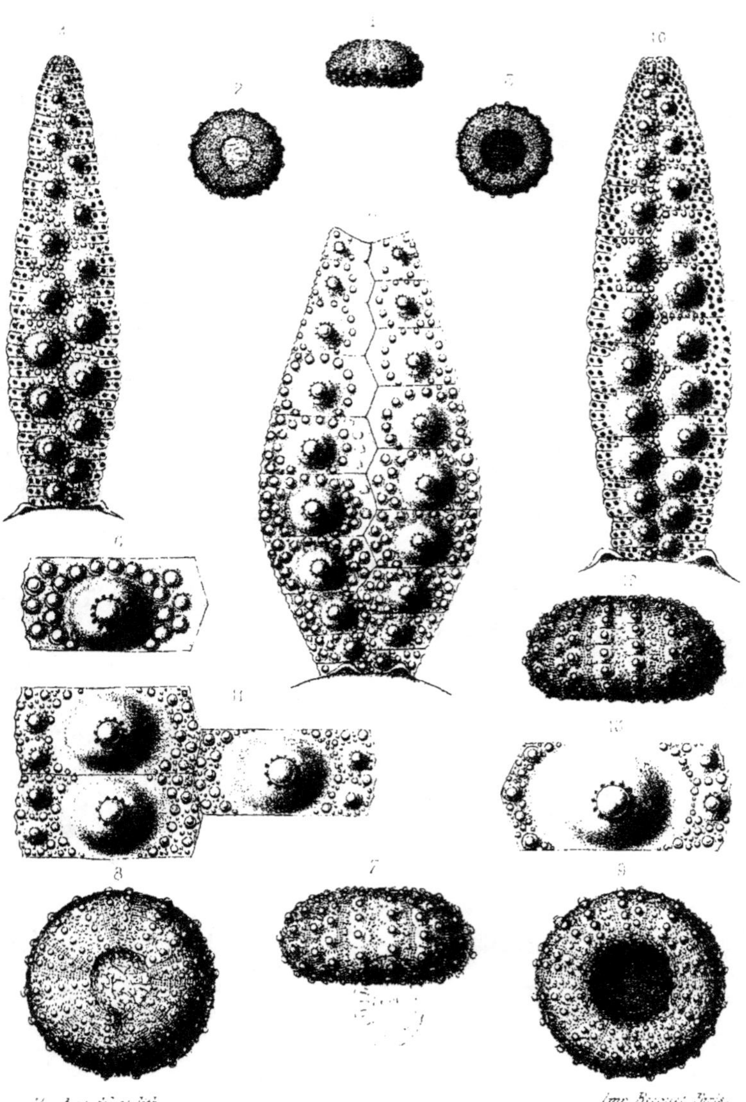

1 _ 6. *Cyphosoma Raulini,* Cotteau. (Sén.)

7 _ 13. *C. ______ ____ circinatum,* Agassiz. (Sén.)

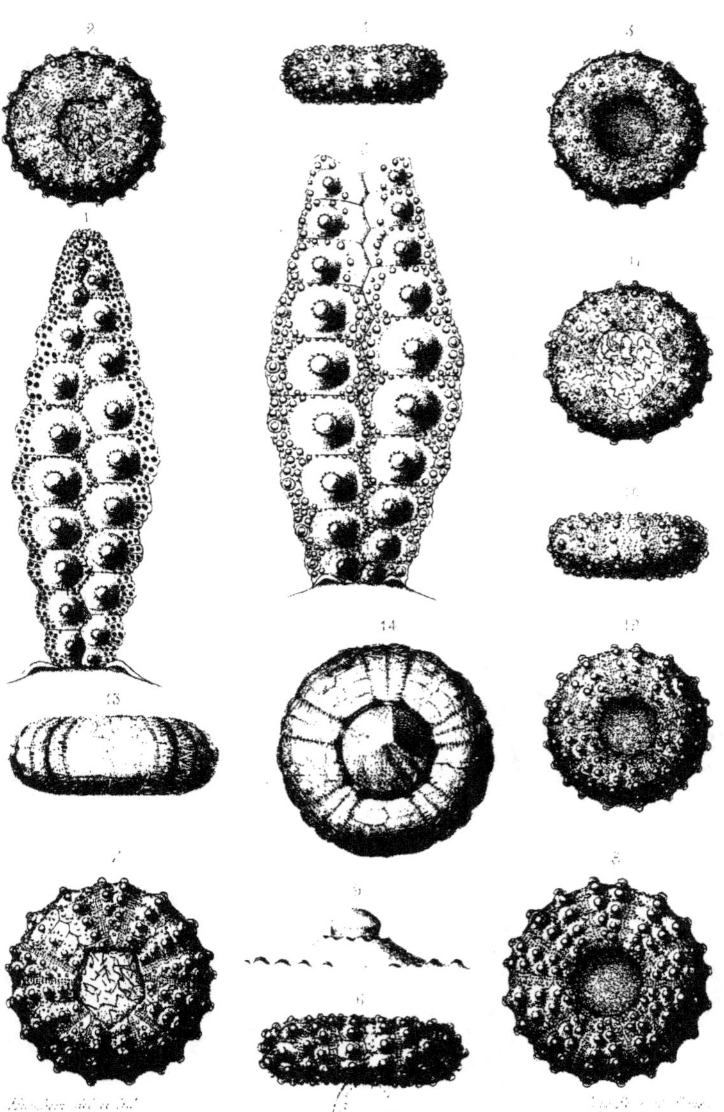

Cyphosoma corollare, Agassiz. (Sen.)

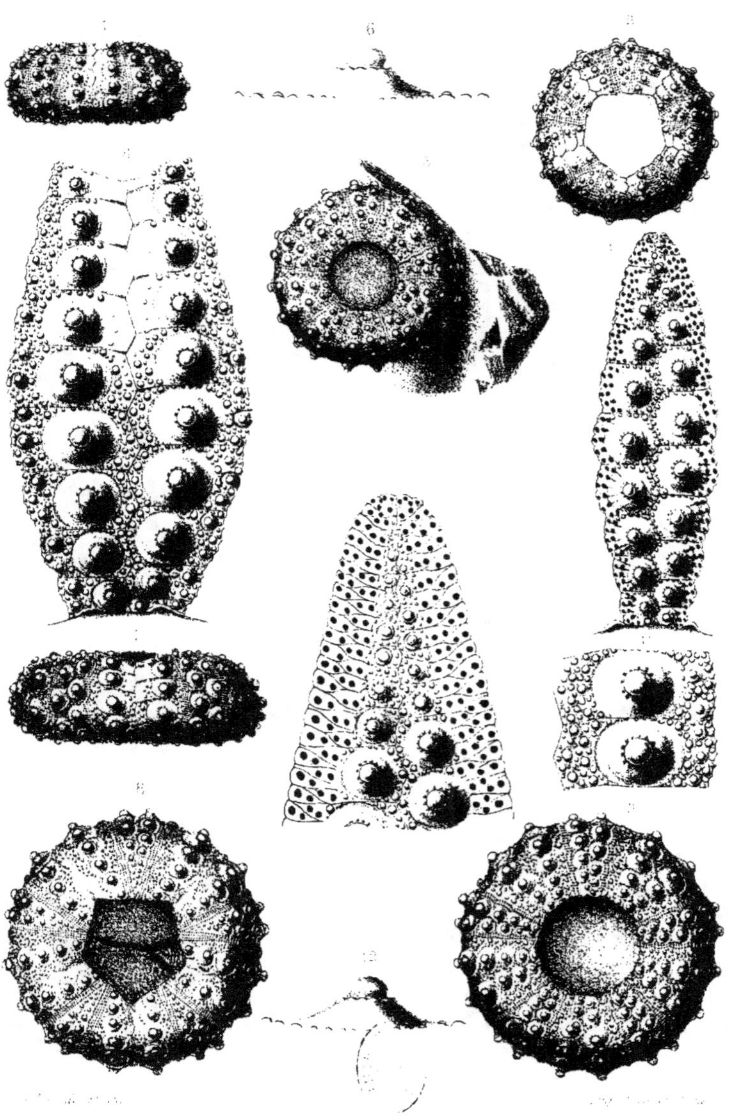

Cyphosoma tiara Agassiz. (Sén.)

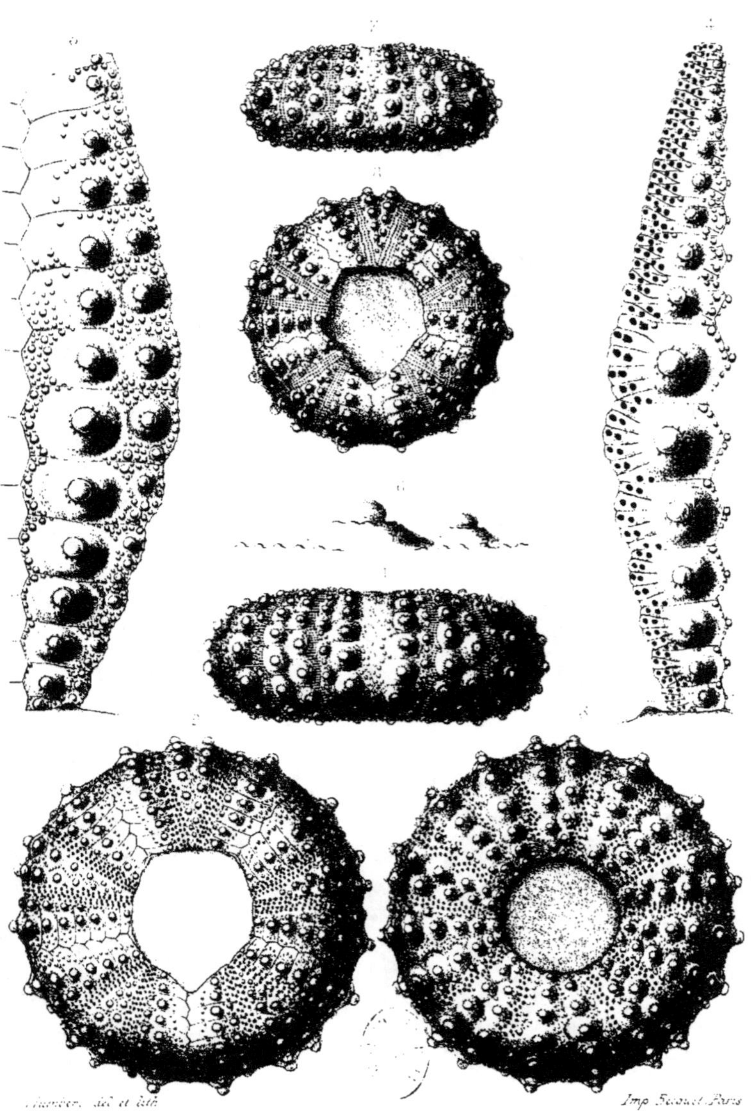

Cyphosoma Kœnigi, Agassiz. (Sén.)

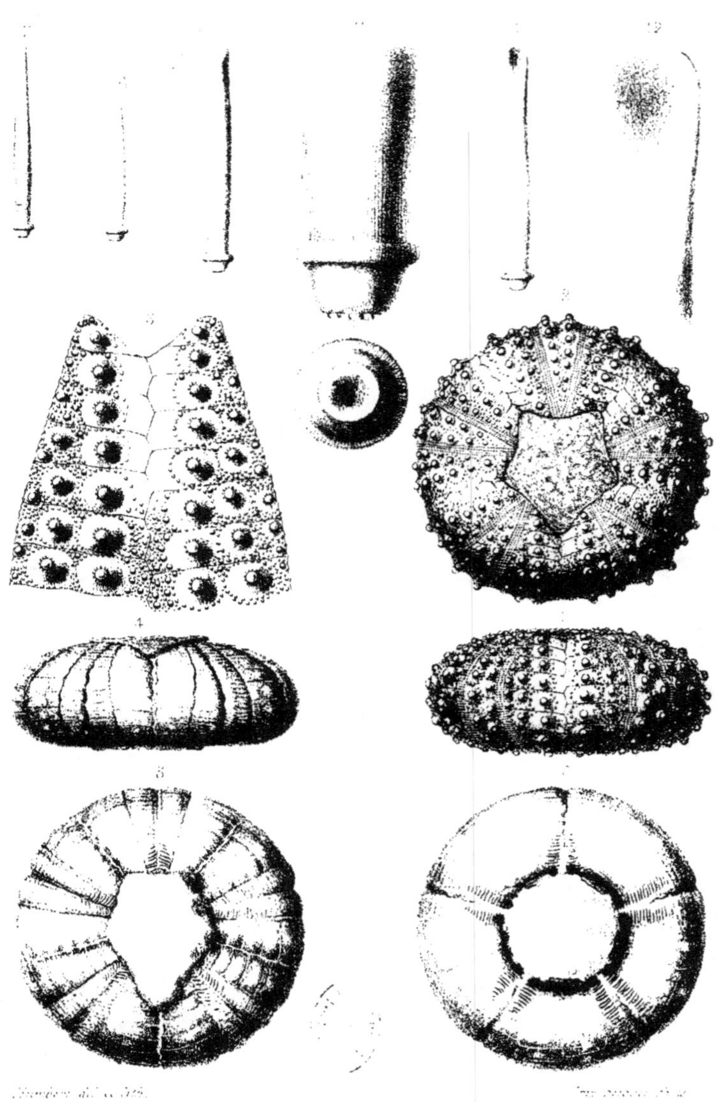

Cyphosoma kœnigi, Agassiz. (Sén.)

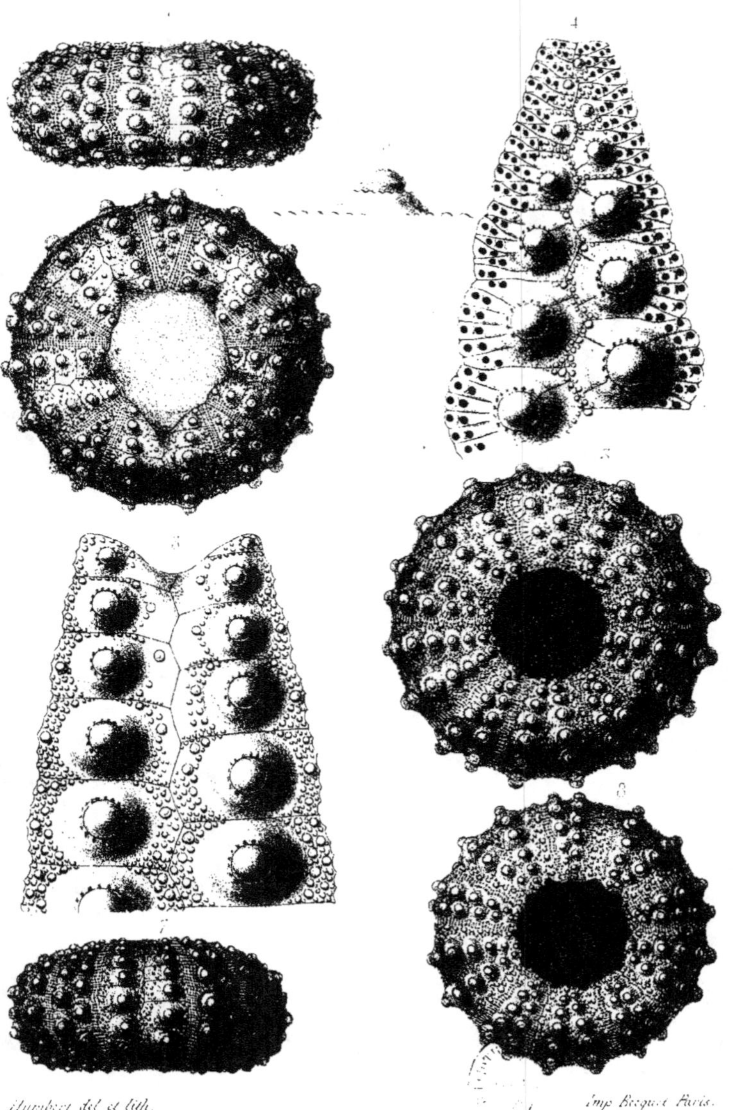

Humbert del et lith.

Imp. Becquet Paris.

Cyphosoma granulosum, Agassiz. (Sén.)

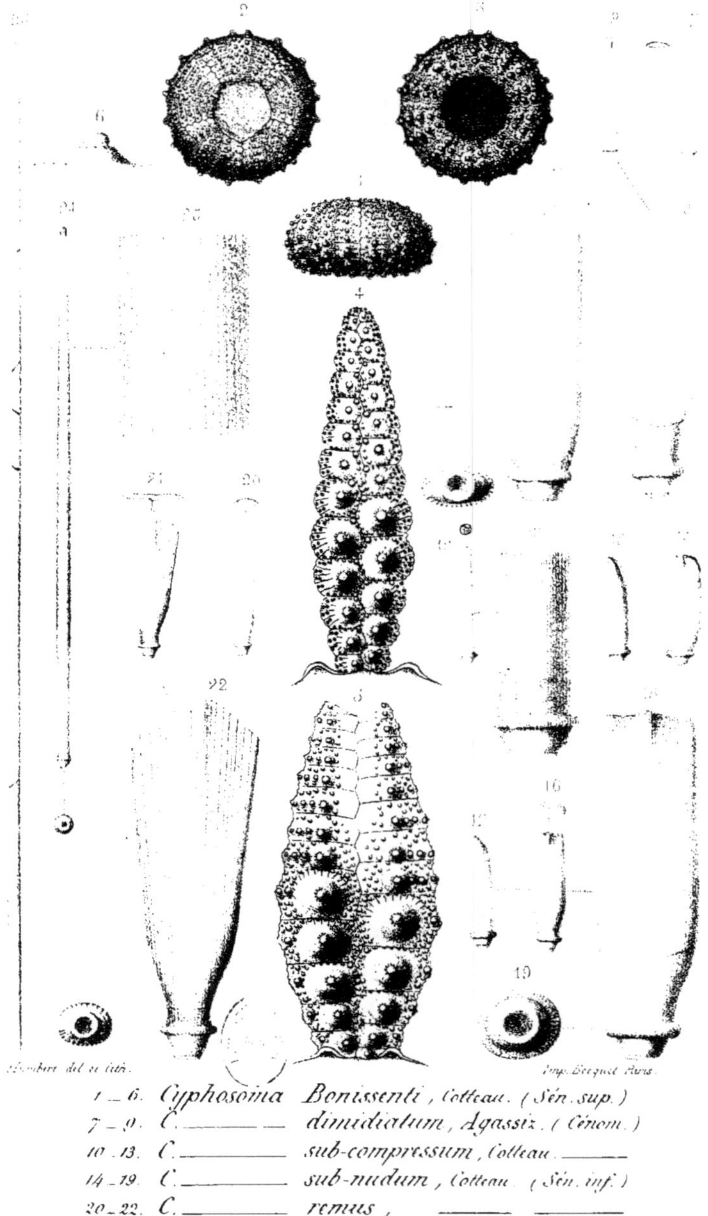

1 _ 6. *Cyphosoma Bonissenti*, Cotteau. (Sén. sup.)
7 _ 9. *C.* ________ *dimidiatum*, Agassiz. (Cénom.)
10 _ 13. *C.* ________ *sub-compressum*, Cotteau. ________
14 _ 19. *C.* ________ *sub-nudum*, Cotteau. (Sén. inf.)
20 _ 22. *C.* ________ *remus*, ________
23 _ 25. *C.* ________ *elongatum*, ________ (Sén.)

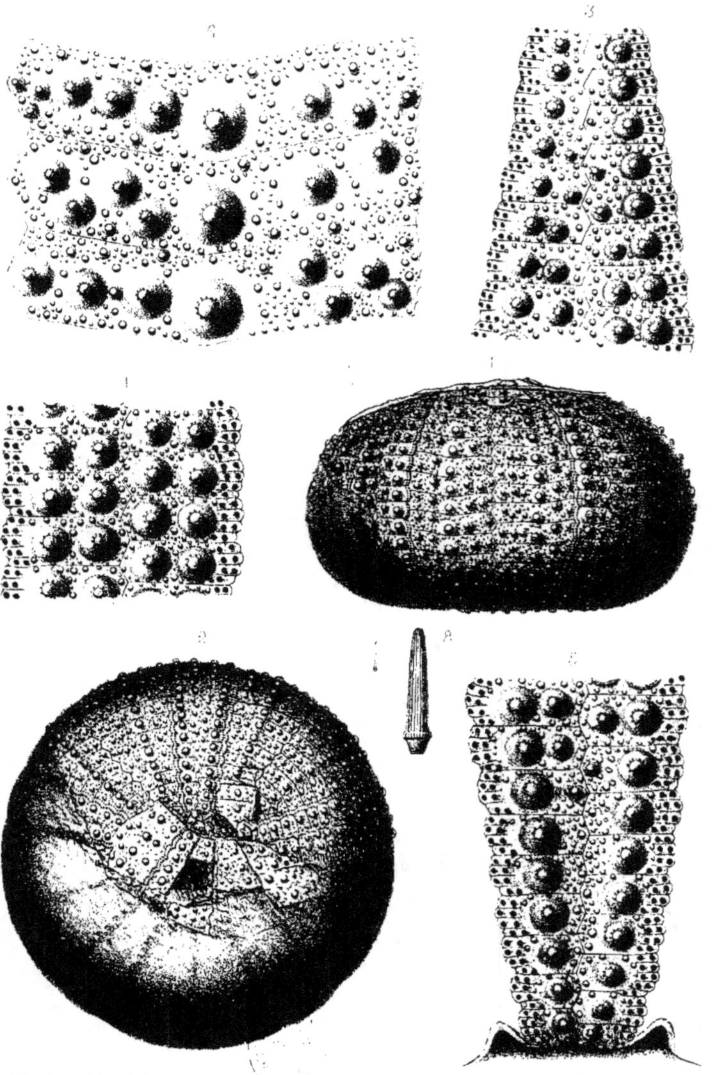

Micropsis Desori, Cotteau. (Sén.)

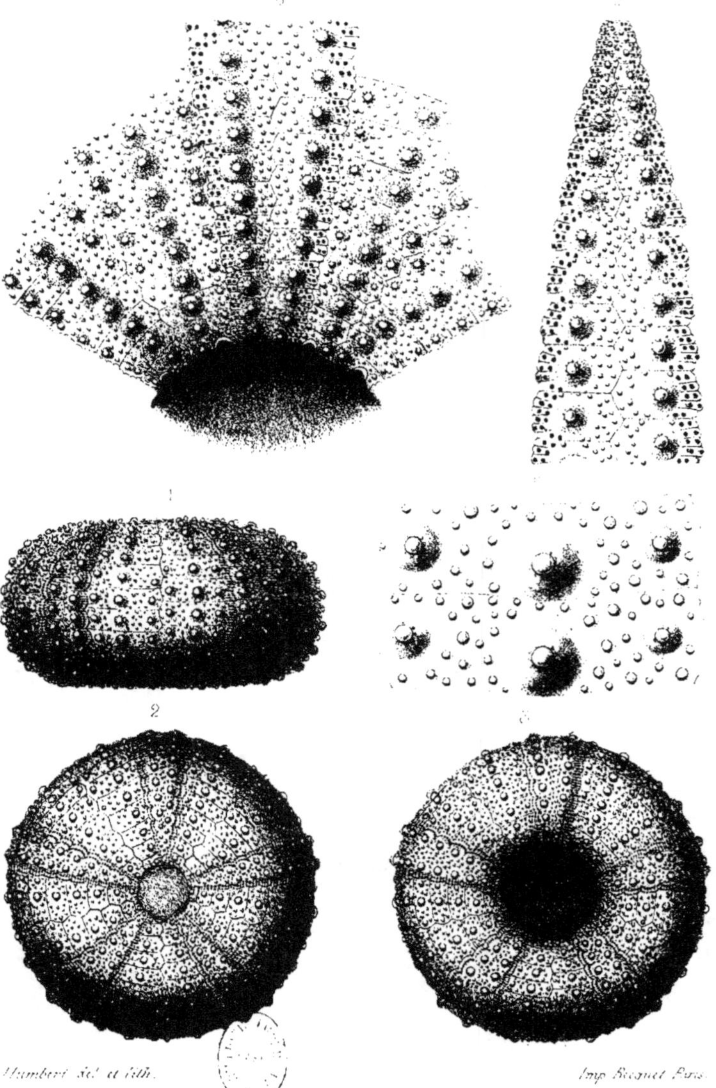

Micropsis microstoma, Cotteau. (Sén.)

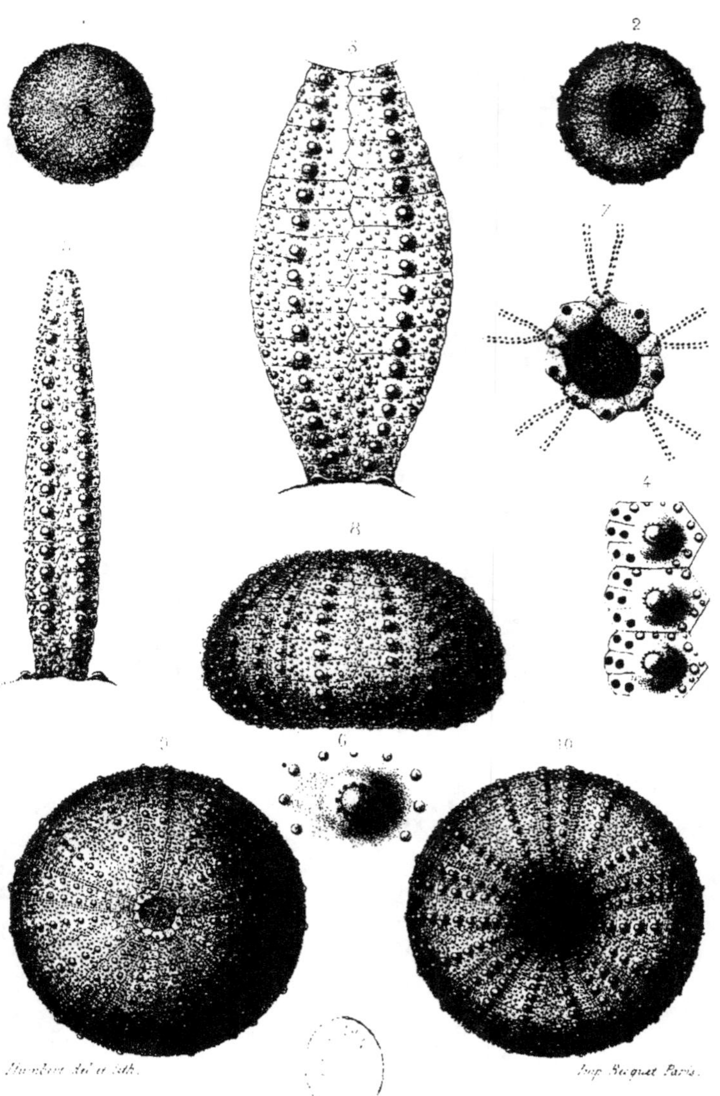

Micropsis Leymerici, Cotteau (Sén.)

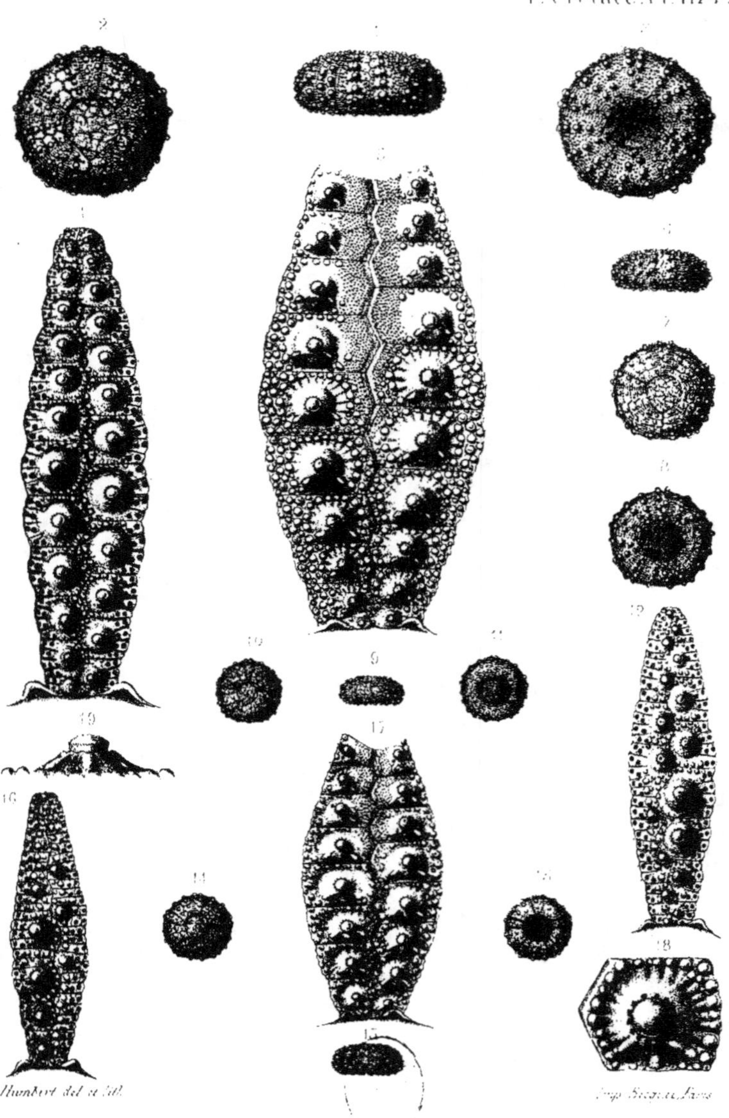

1. 8. *Echinocyphus difficilis,* Cotteau. (Cénom.)
9. 19. E. ———————— *rotatus,* ———————— ————

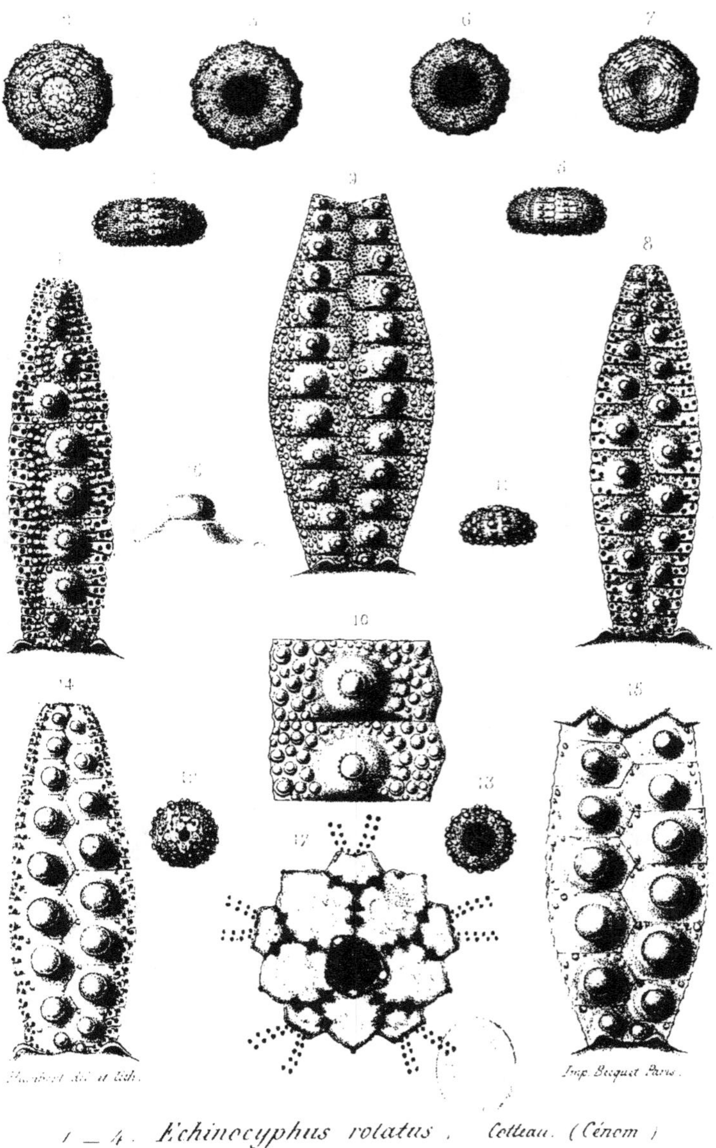

1 — 4. *Echinocyphus rotatus*, Cotteau. (Cénom.)
5 — 10. *E. ___________ tenuistriatus*, ___ __ __
11 — 17. *Goniopygus intricatus*, Agassiz. (Néoc.)

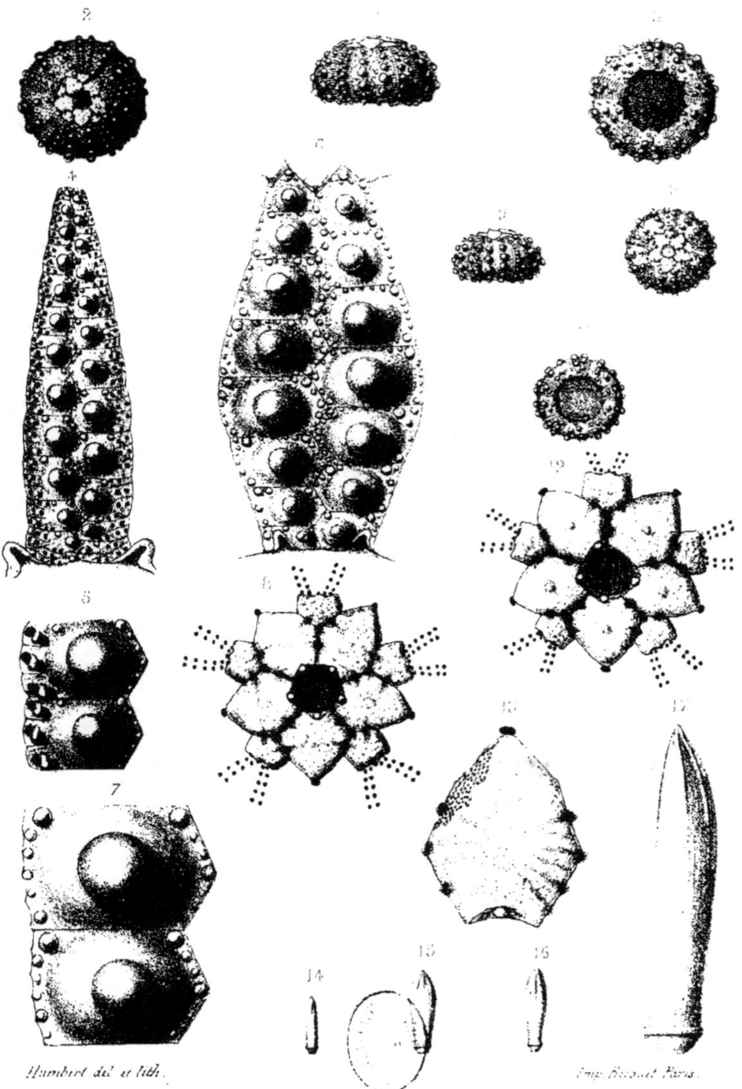

Goniopygus pellatus, Agassiz. (Néoc. sup.)

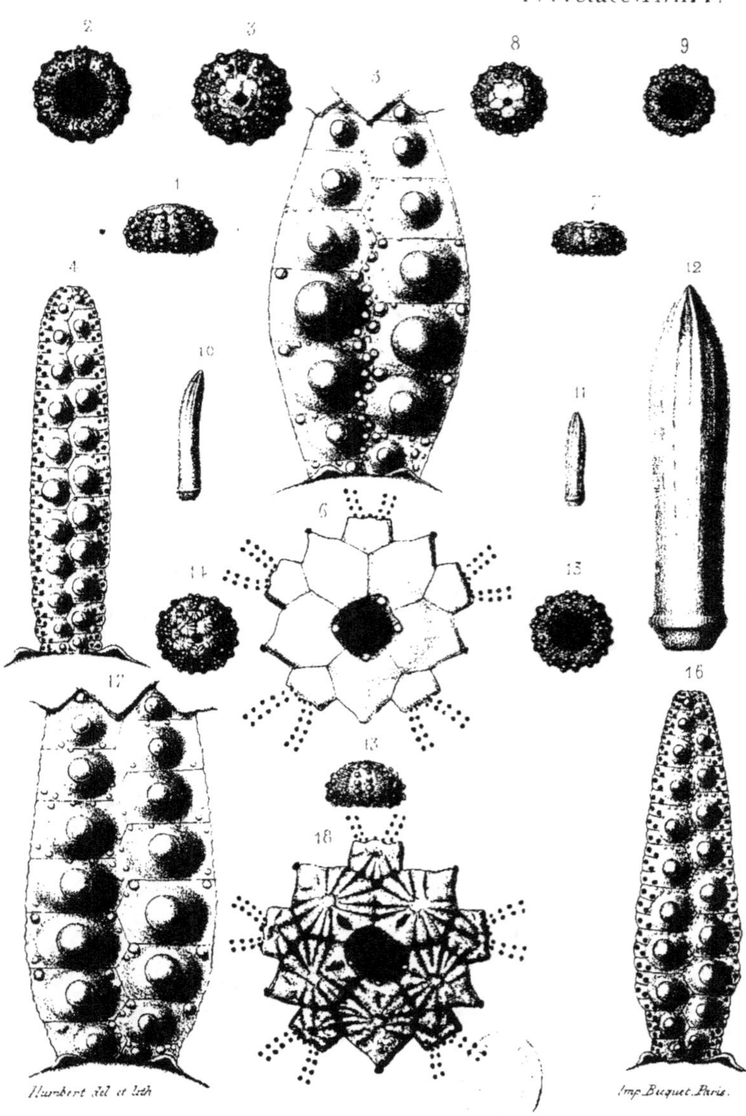

1 — 12. *Goniopygus Noguesi*, Cotteau. (*Néoc. sup.*)
13 — 18. G. ————— *Loryi*, ————— (*Aptien.*)

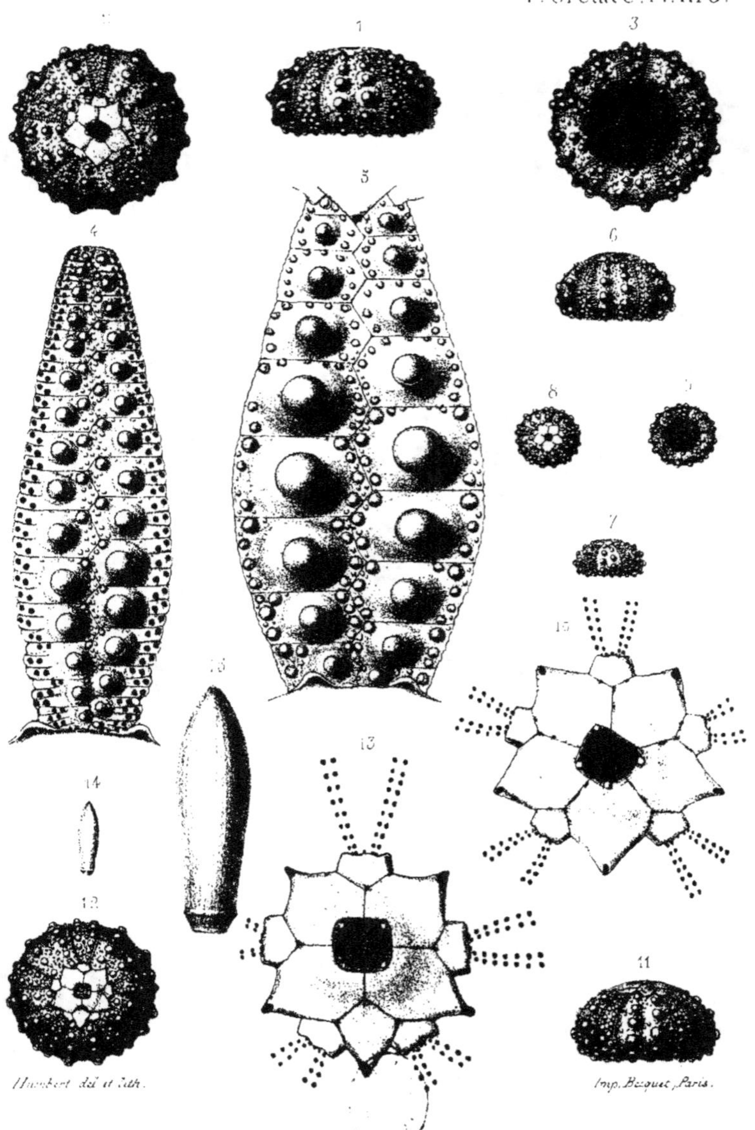

Goniopygus Delphinensis, A. Gras (Aptien.)

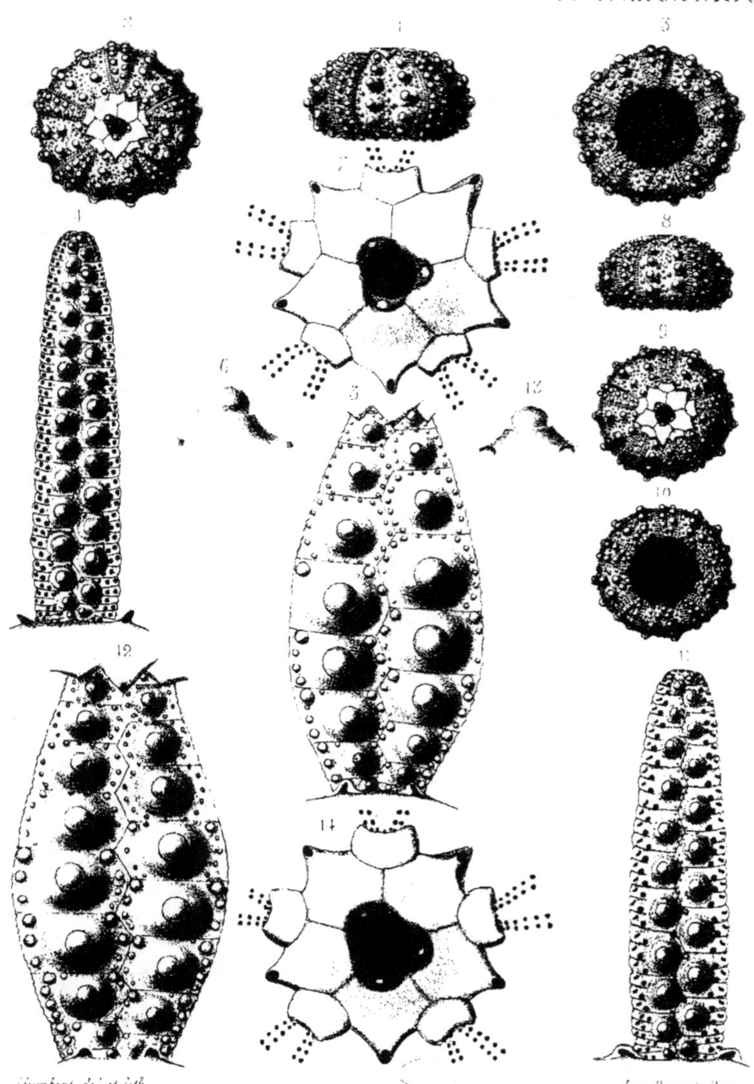

1 — 7. *Geniopygus Brossardi,* Coquand. (Cénom.)
8 — 14. G. ———— *Menardi,* Agassiz

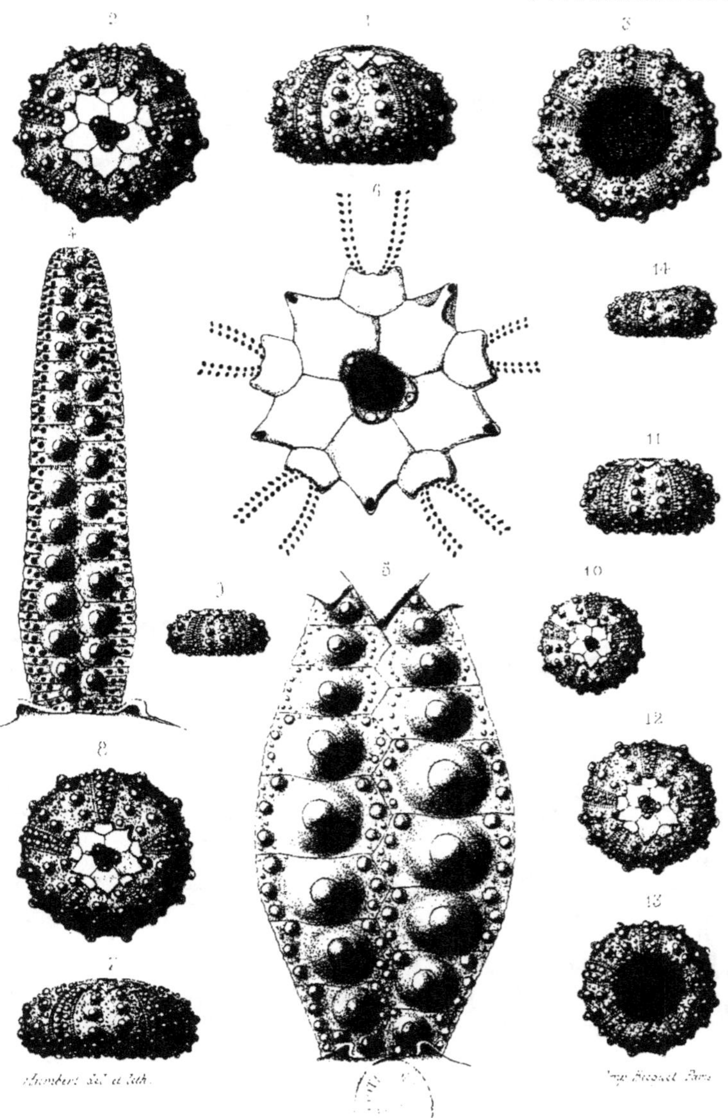

Goniopygus Menardi, Agassiz. (Cénom.)

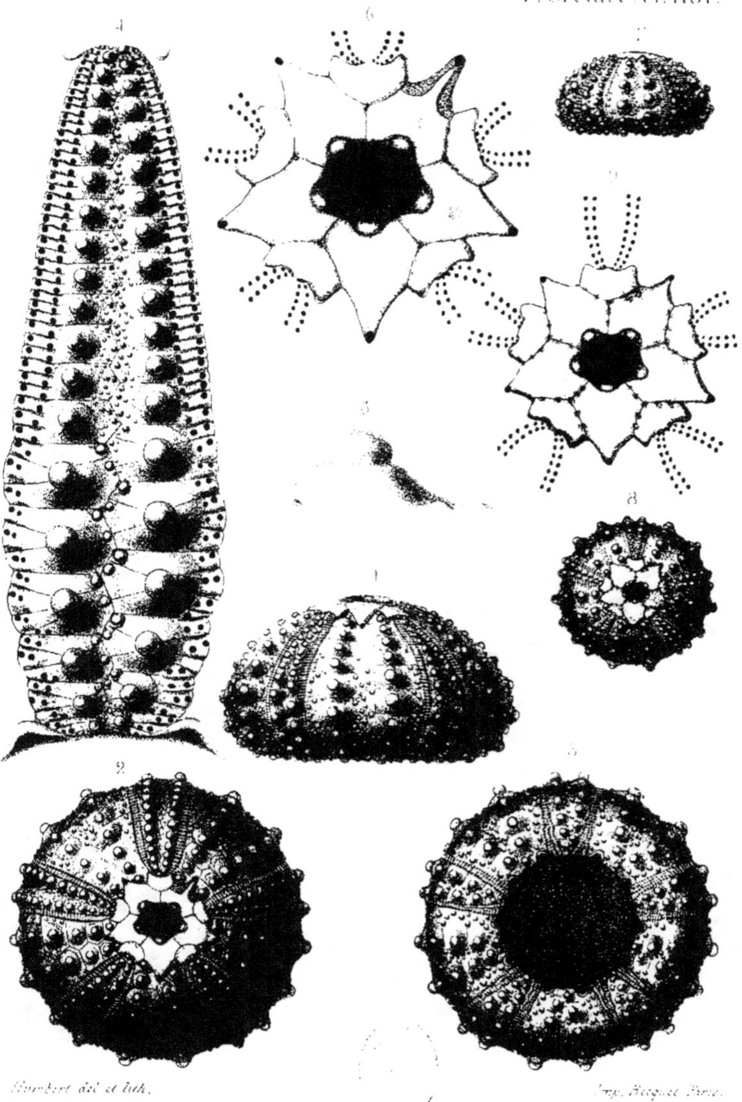

Goniopygus major, Agassiz. (Cénom.)

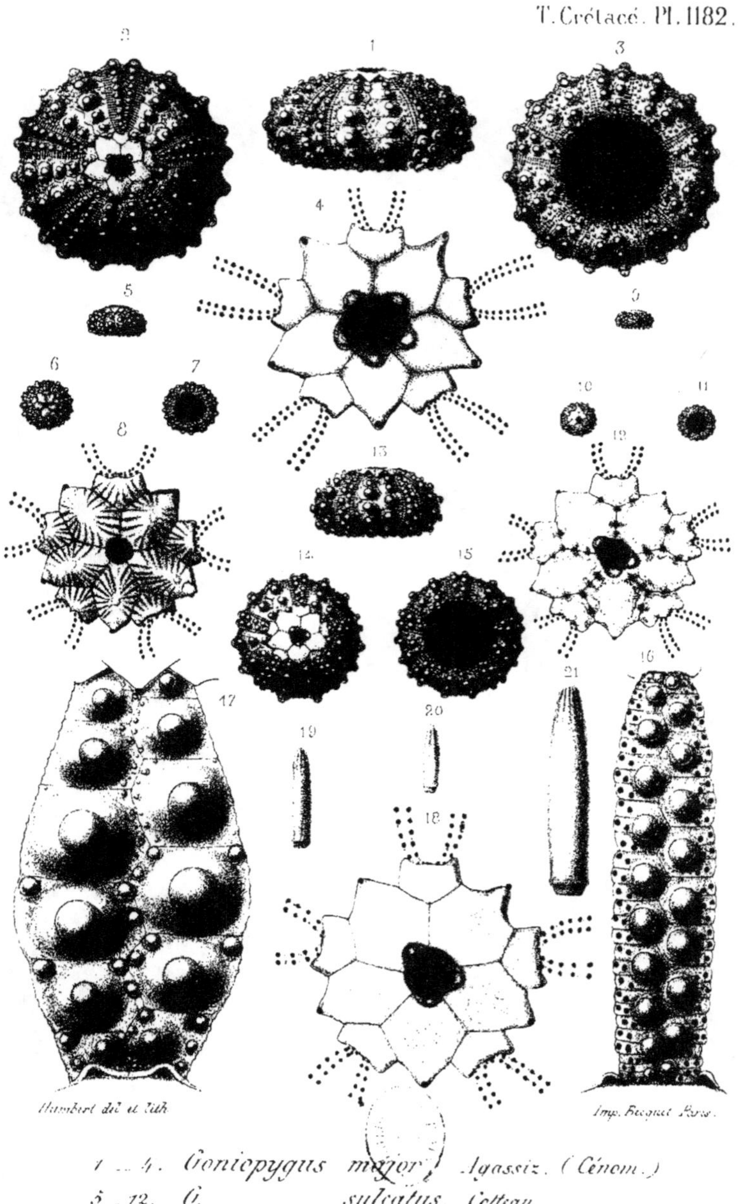

1 — 4. *Goniopygus major,* Agassiz. (Cénom.)
5 — 12. G. — — sulcatus, Cotteau. ———
13 — 21. G. — — Marticensis, — (Sén. inf.)

Hambert del et lith.

Imp. Becquet Paris.

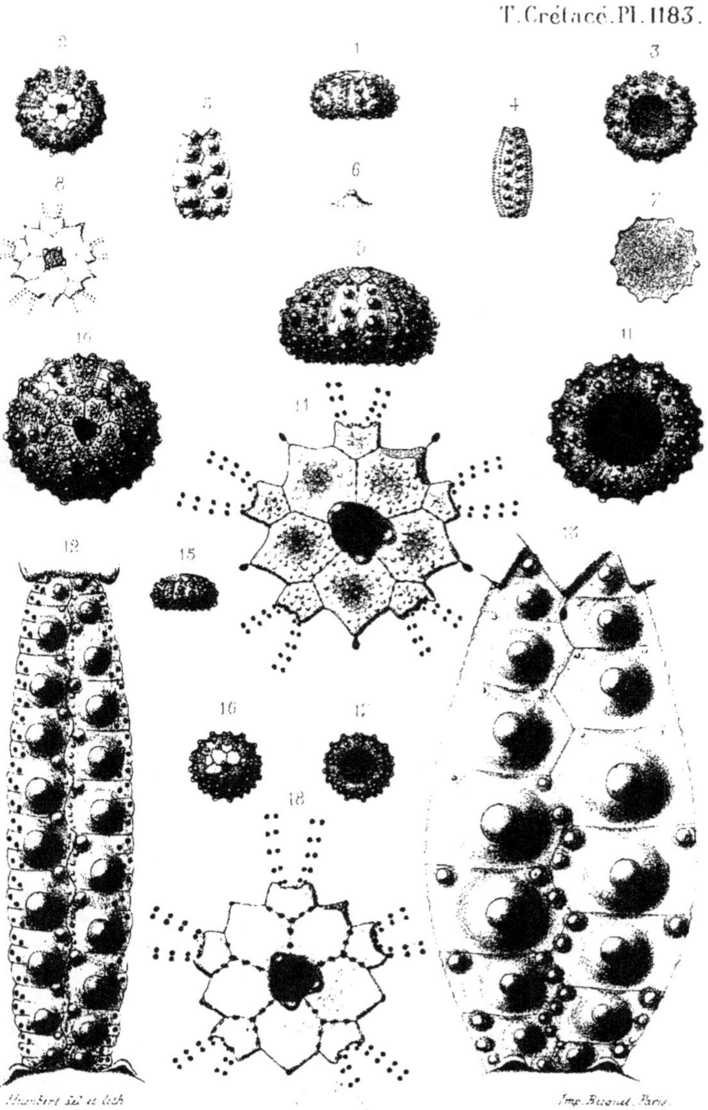

1 – 8. *Goniopygus heteropygus*, Agassiz (Sén. inf.)
9 – 18. G. *Rofanus*, (d'Archiac.)

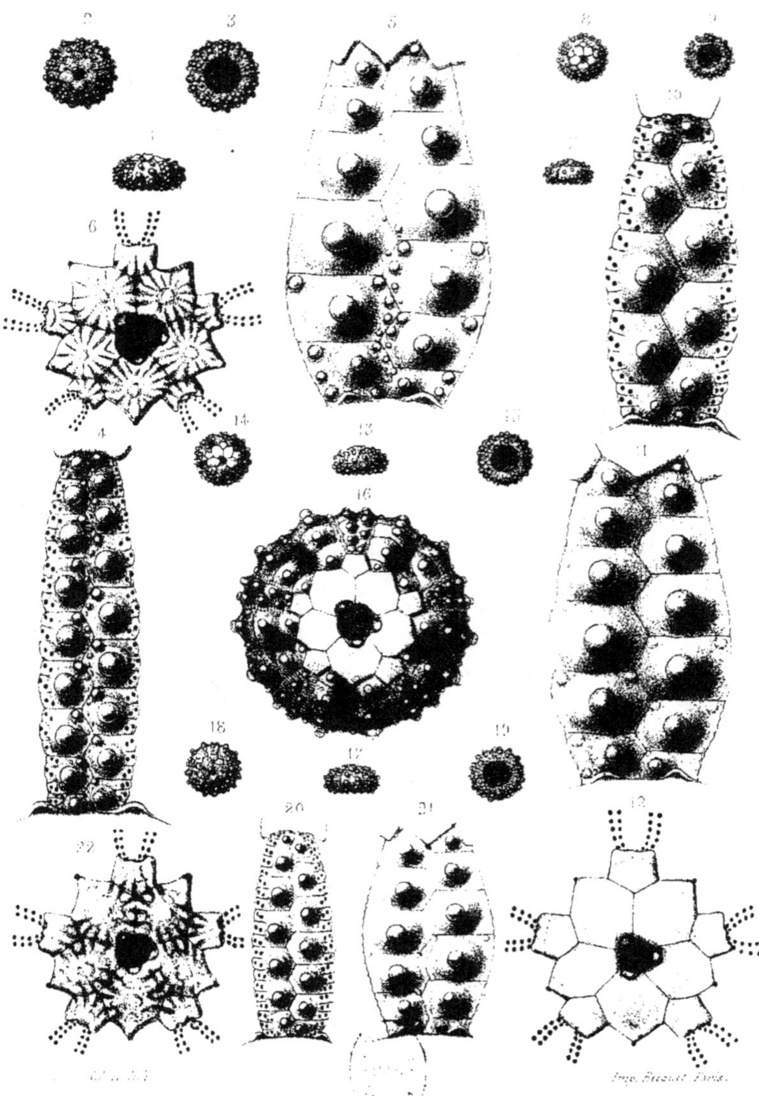

1. C. *Geniopygus Royanus*, d'Archiac (Sén. inf.)
8. 16. C. *minor*, Sorignet. (Sén. sup.)
17. 22. C. *Heberti*, Cotteau

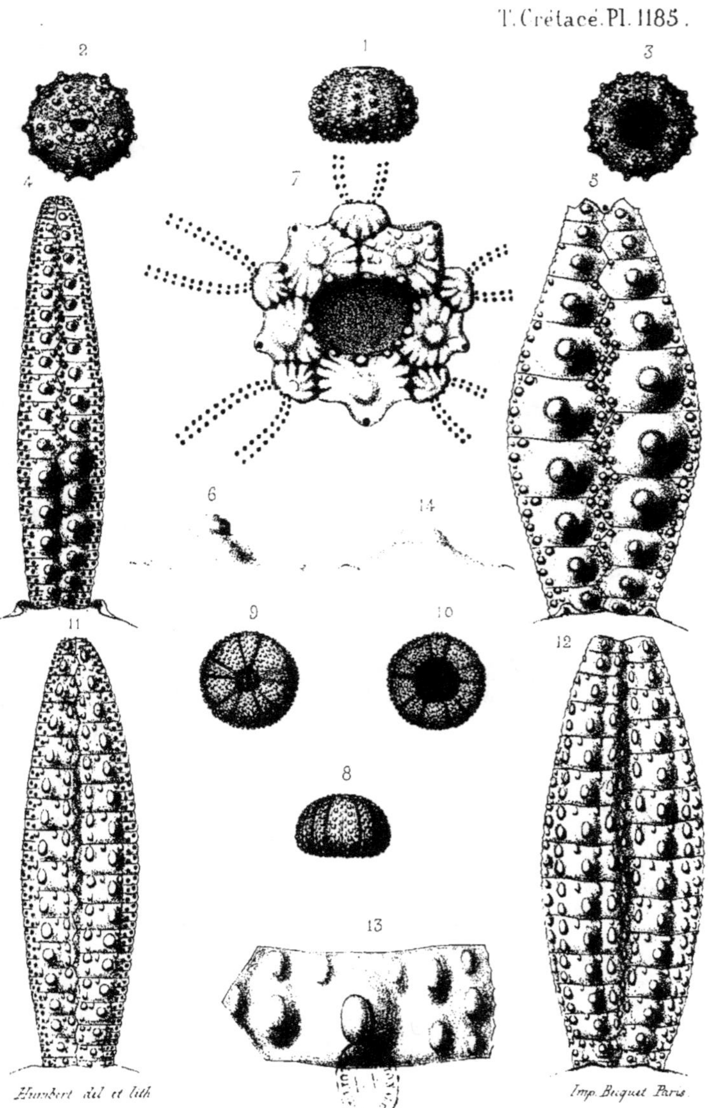

1 — 7. *Goniopygus Coquandi*, Cotteau. (Cén.)
8 — 14. *Leiocyphus conjunctus*, ⸺ ⸺

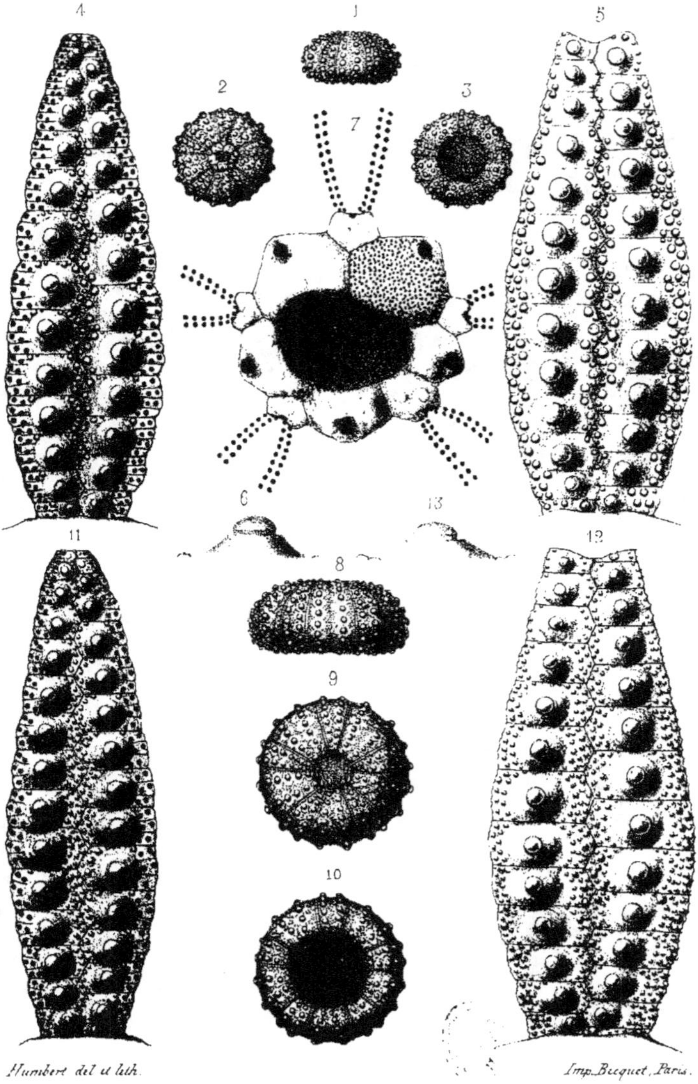

1 — 7. *Leiosoma Meridanense*, Cotteau. (tur.)
8 — 13. *L. ——— Archiaci*, ——— ———

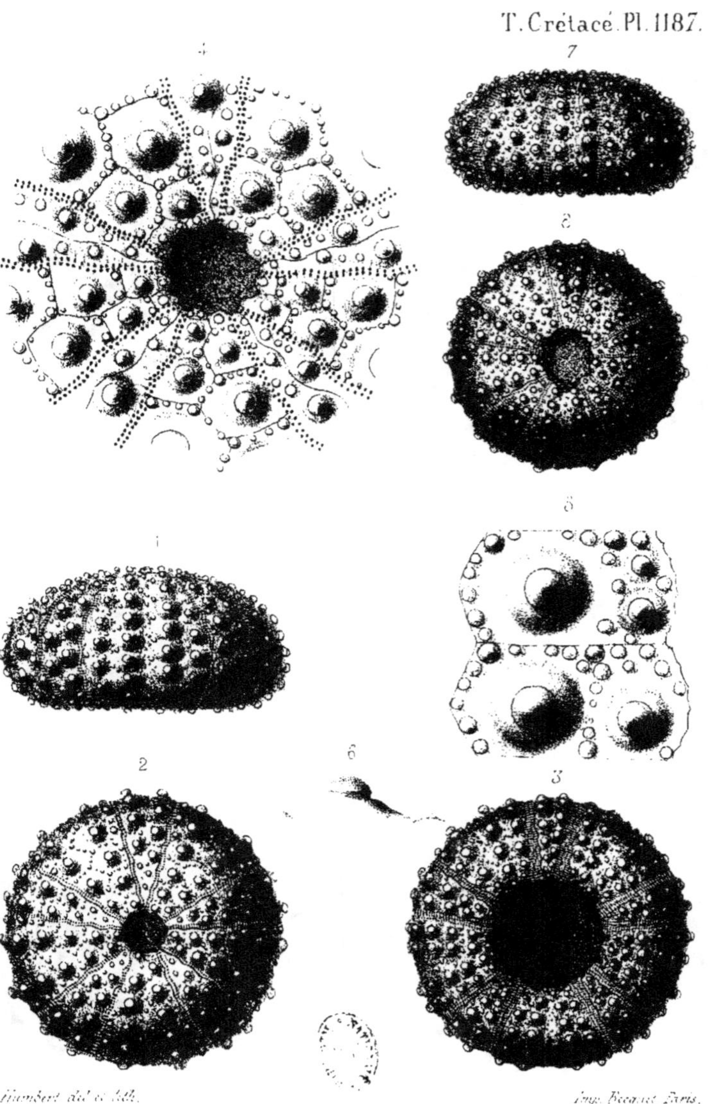

Humbert del. et lith.

Imp. Becquet Paris.

Leiosoma Tournoueri, Cotteau. (Sén.)

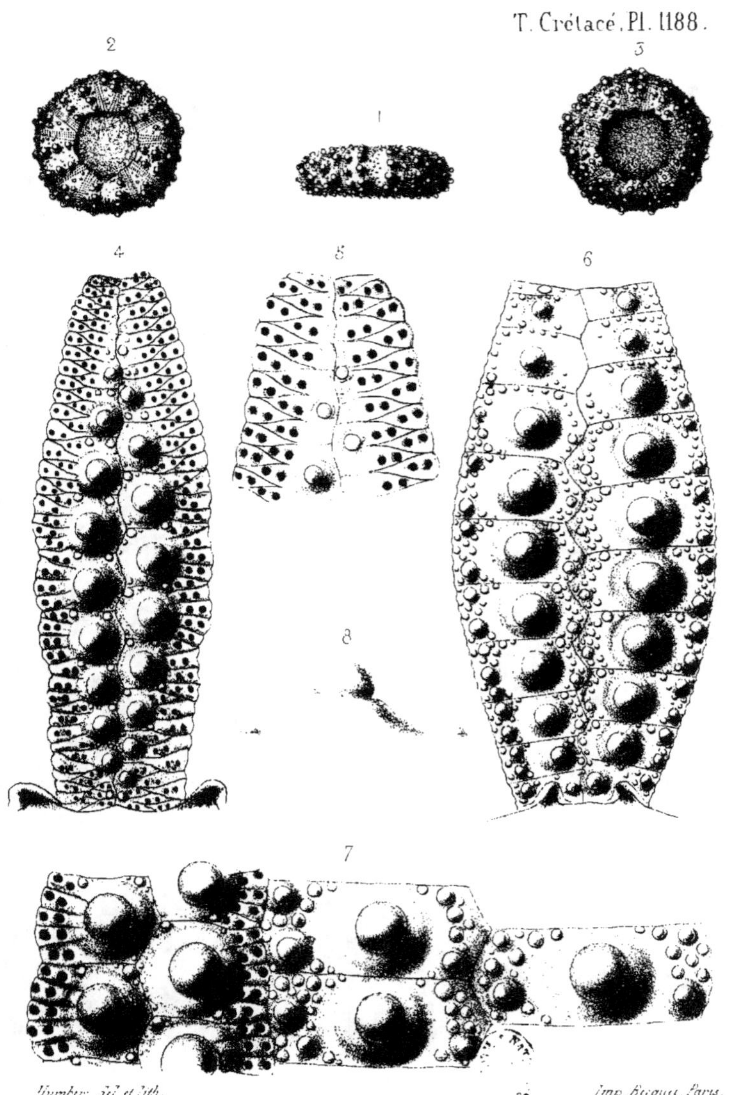

Leiosoma rugosum, Cotteau. (Sén. inf.)

Humbert del et lith.   Imp. Becquet, Paris.

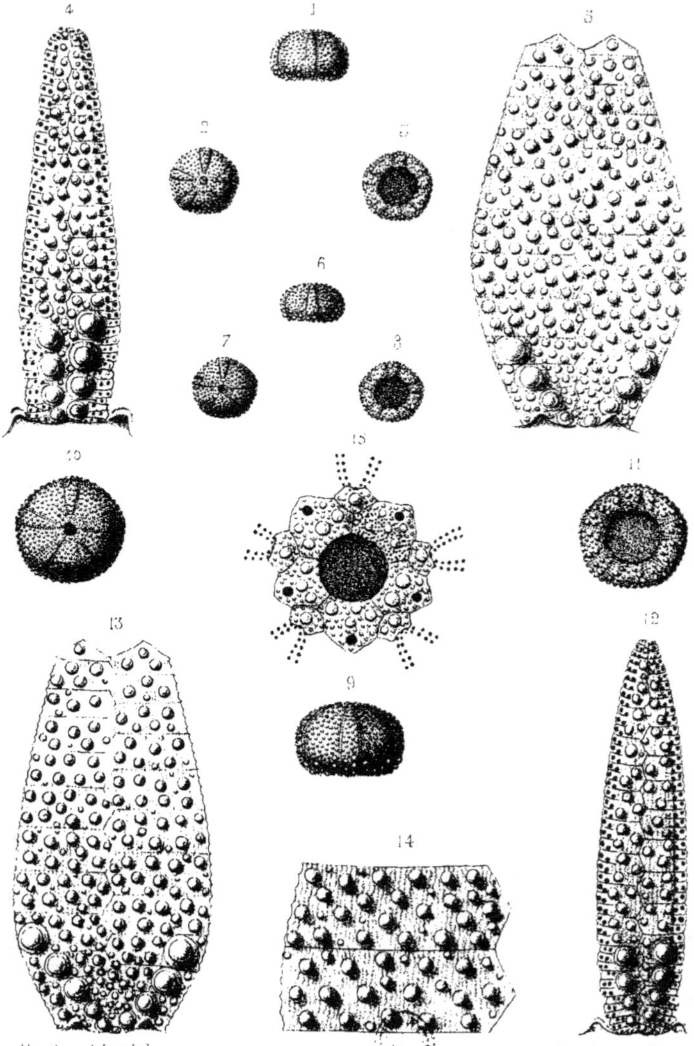

Codiopsis Lorini, Cotteau. (Néoc.)

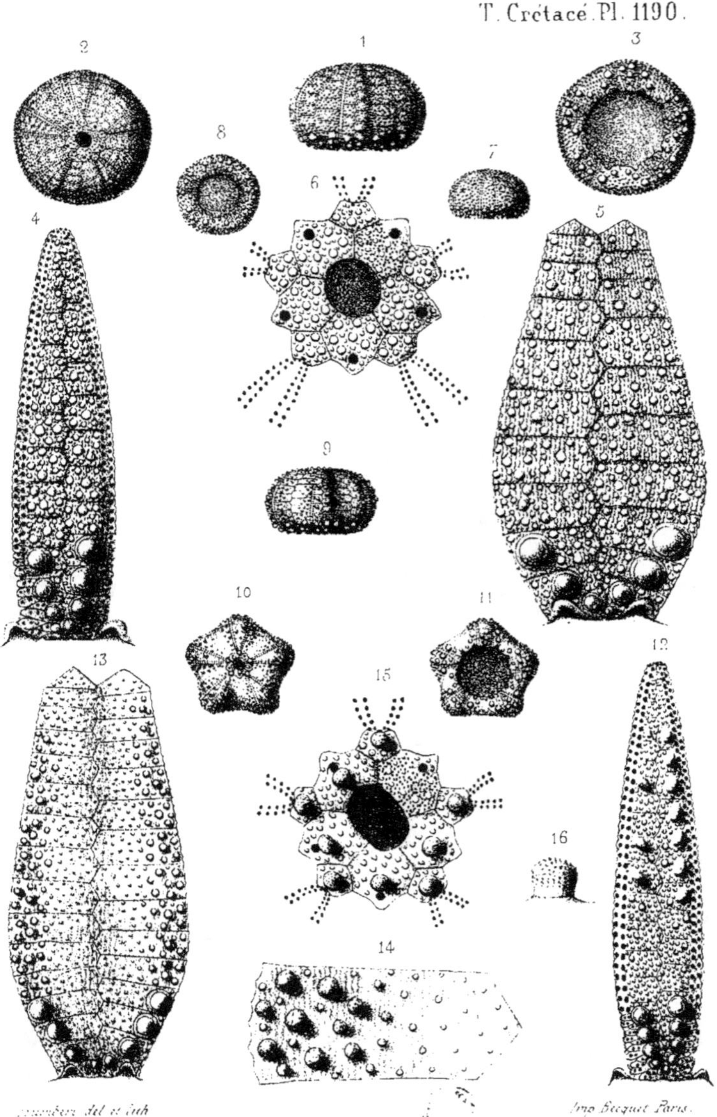

_1 — 8._ *Codiopsis Lorini*, Cotteau (Var. Alpina.) Nice.
_9 — 16._ C. — *Jaccardi*, Cotteau (Nice. sup.)

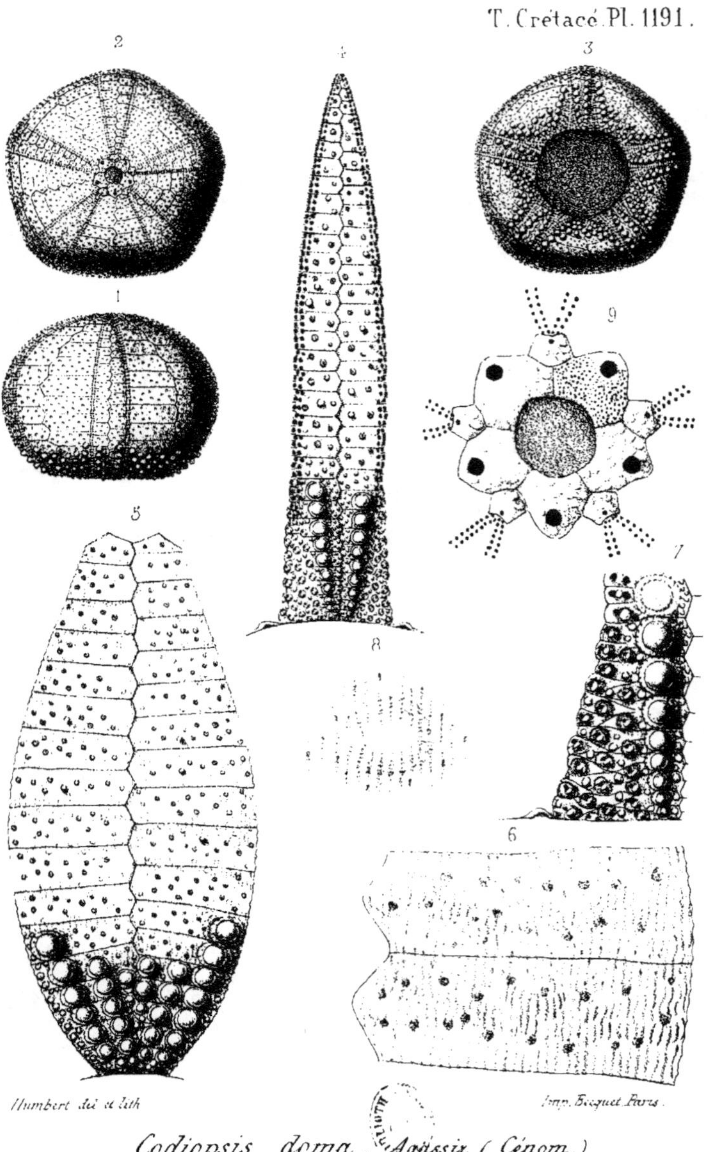

Codiopsis doma, Agassiz (Cénom.)

Humbert del et lith.

Imp. Becquet, Paris.

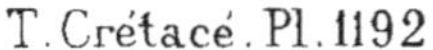

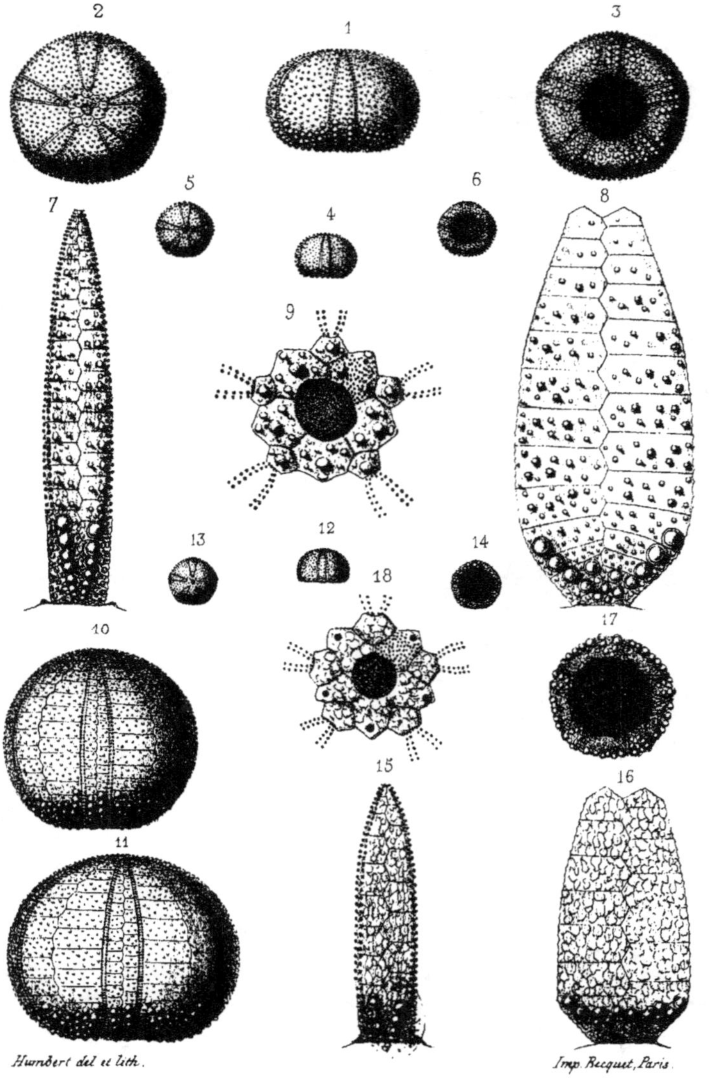

Humbert del et lith. Imp. Becquet, Paris.

1 _ 11. *Codiopsis doma*, Agassiz (Cénom.)
12 _ 18. *C. ——— Arnaudi*, Cotteau (Sén. inf.)

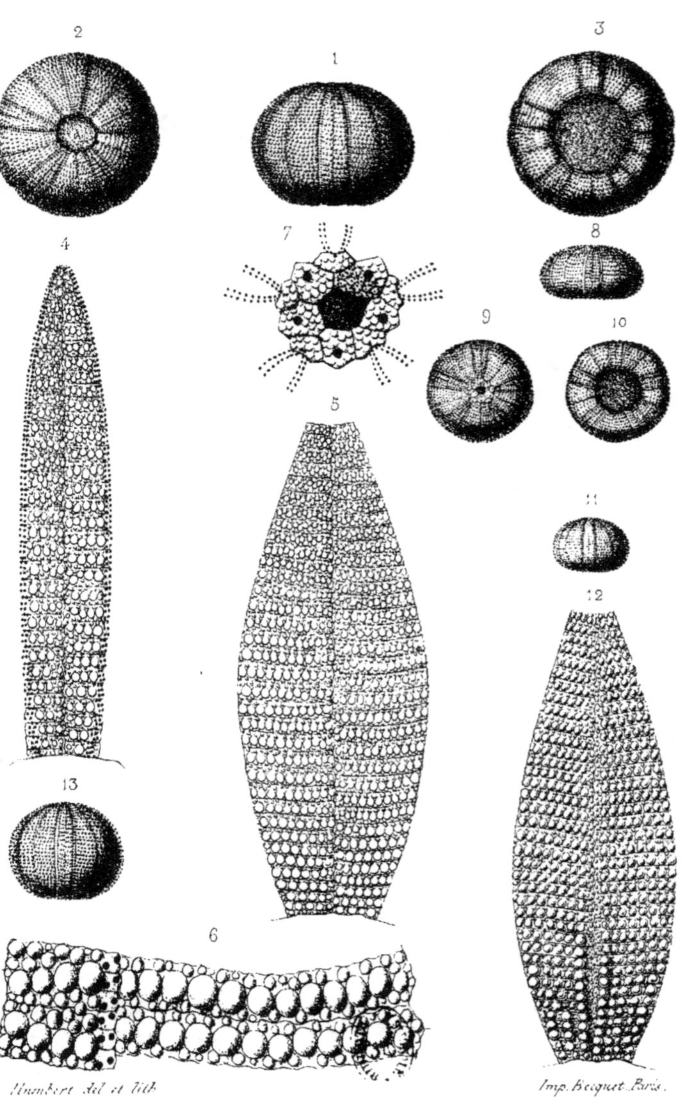

Coltaldia Benettiæ, Cotteau. (Cénom.)

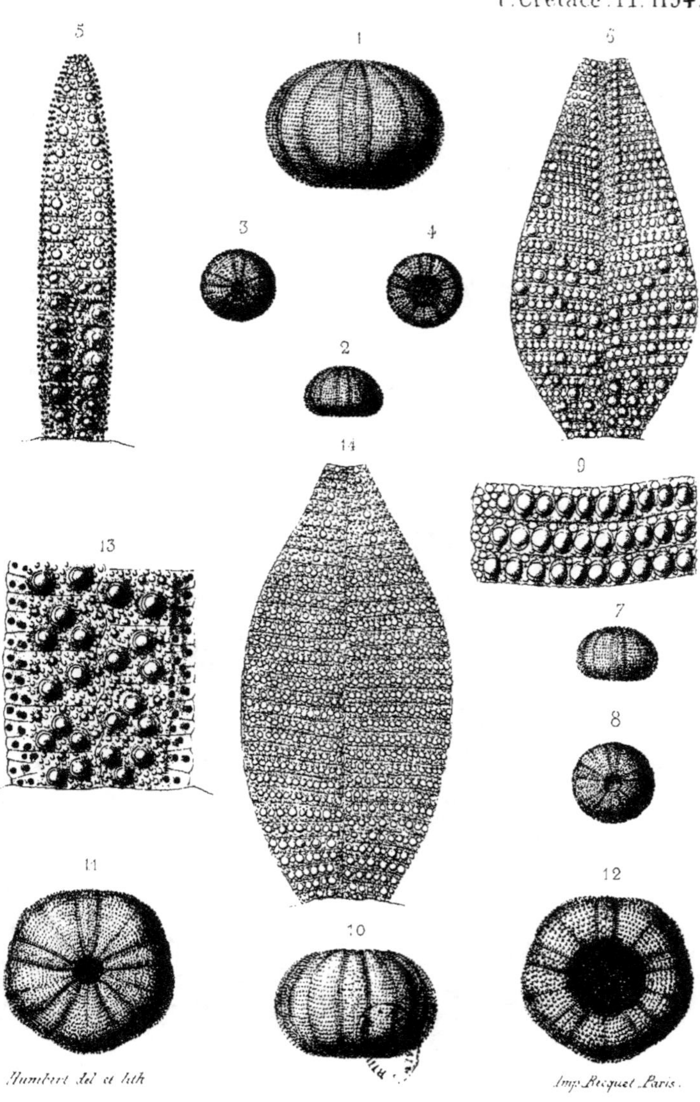

1 - 9. *Cotlaldia Benettiæ*, Cotteau. (Cénom.)
10 - 14. C.———— *Sorigneti*, Desor. ————

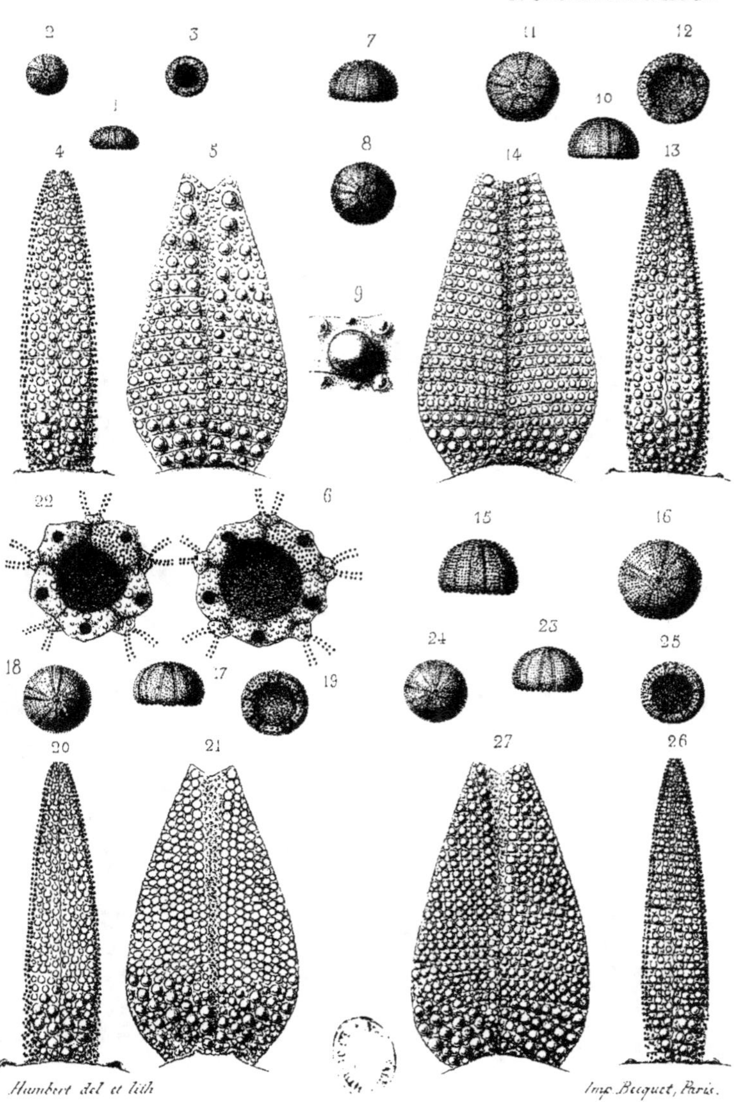

1 — 9. *Magnosia lens*, Desor. (Néoc. inf.)
10 .. 16. M. —— *pilos*, —— (Néoc. sup.)
17 — 27. M. —— *pulchella*, —— (Aptien.)

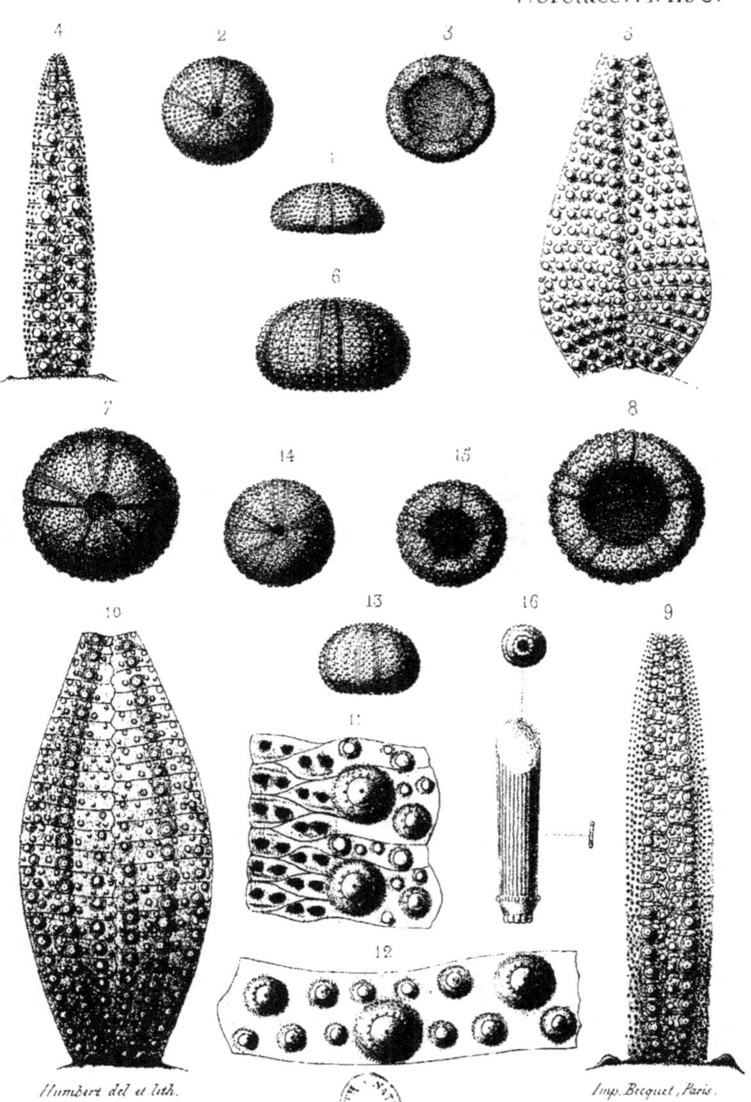

Humbert del. et lith.

Imp. Becquet, Paris.

1 _ 5. *Magnosia globulus*, Cotteau. (Néoc. inf.)
6 _ 16. *Pedinopsis Desori*, _______ (Cénom. sup.)

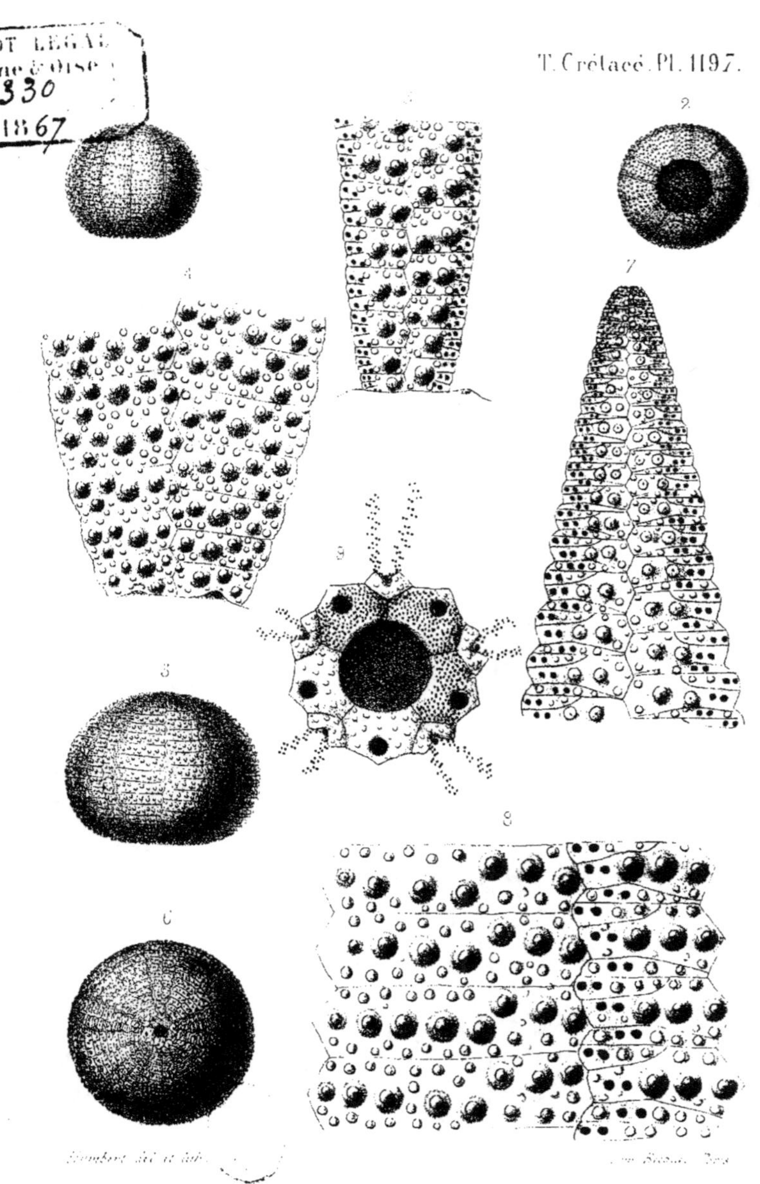

Micropedina Cotteaui, Coquand. (Cénom.)

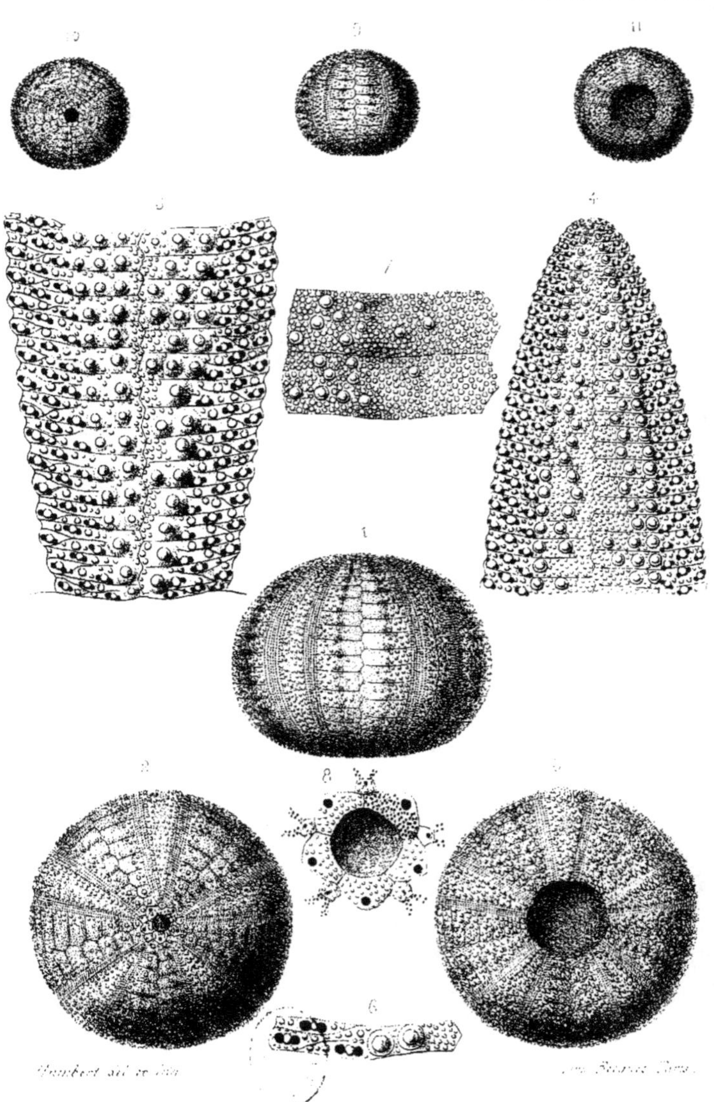

Codechinus rotundus, Desor. (Aptien.)

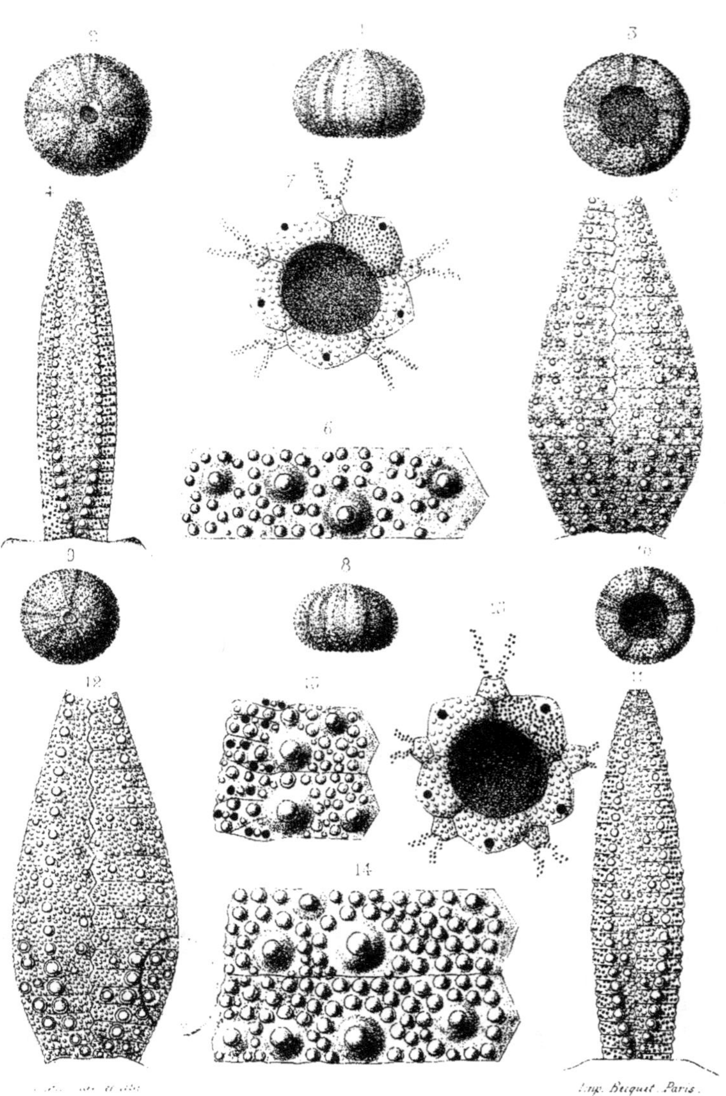

1.7. *Psammechinus tenuis*, Deser. (Néoc. inf.)
8.14. P. _________ *fallax*, _________ (Néoc. moy.)

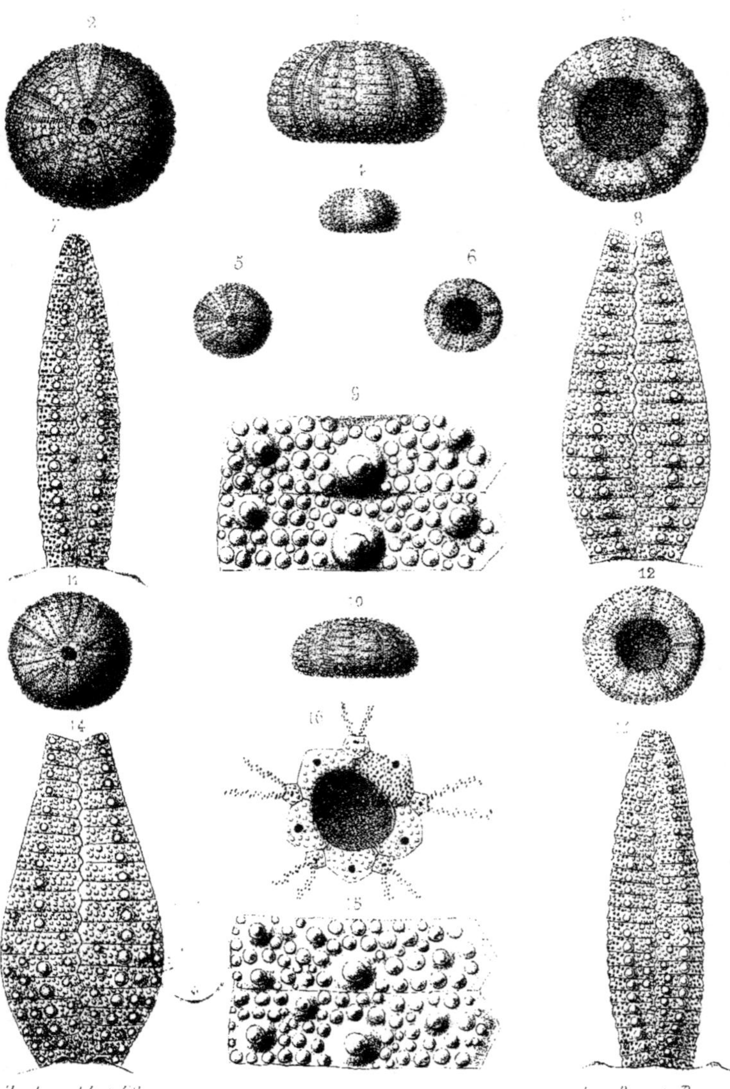

1 — 3. *Psammechinus fallax*, Desor. (Néoc. moy.)
4 — 9. P. ———————— *Montmolini*, — — ———
10 — 15. P. ——————— *Hyselyi*

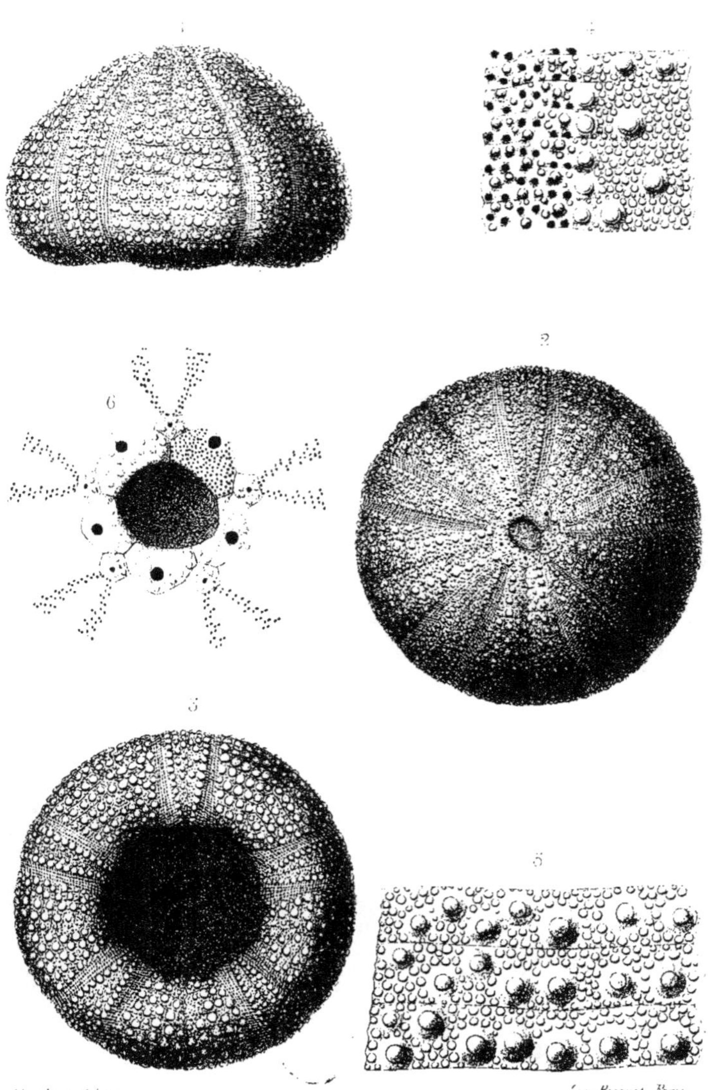

Psammechinus Pilletti, Cotteau. (*Néoc. moy.*)

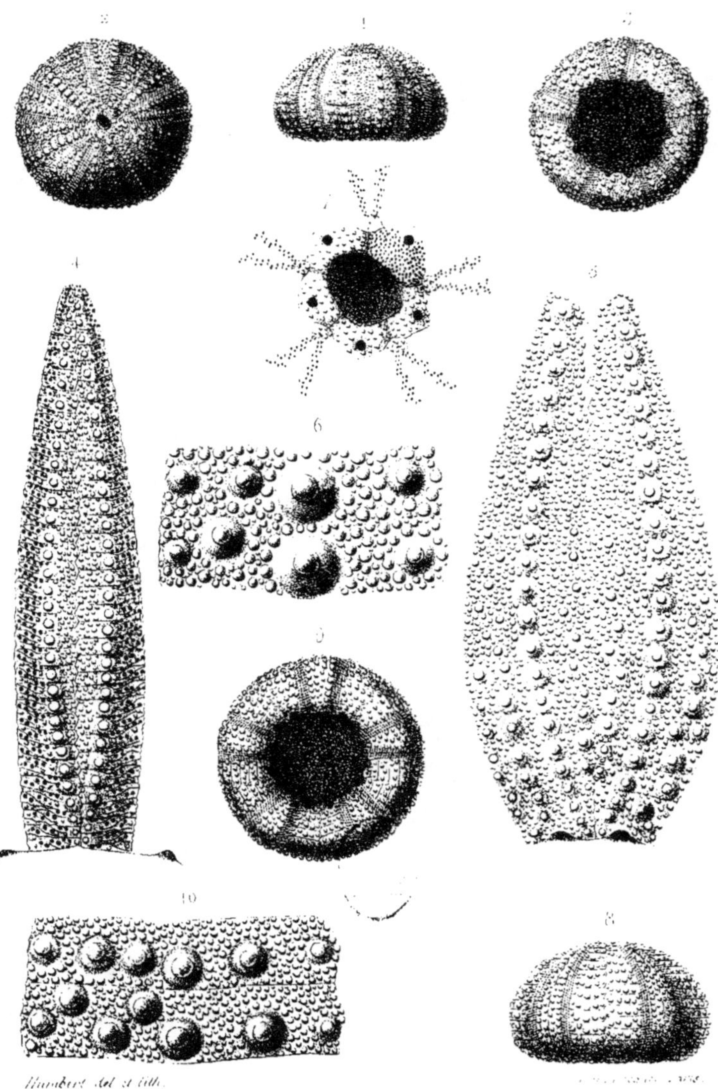

1 . 7 . *Psammechinus avellinus*, Cotteau . (Cénom.)
8 . 10 . P. ________ ________ Gillieroni , ________ (Néoc. sup.)

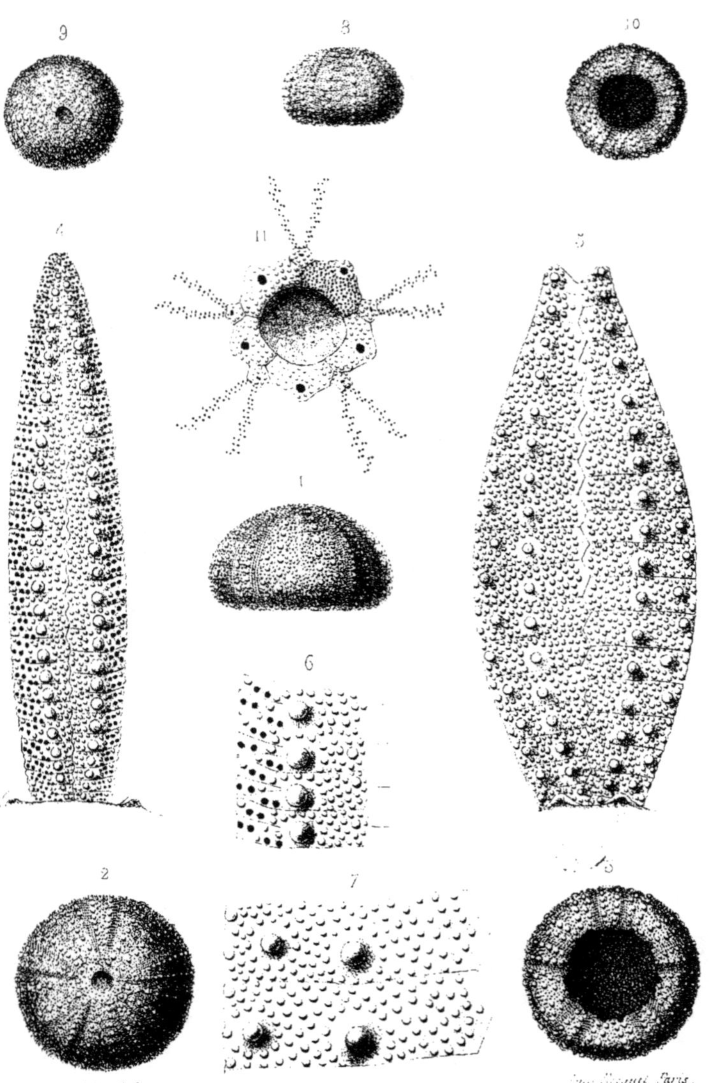

Psammechinus Theveneti, Desor. (Néoc. sup.)

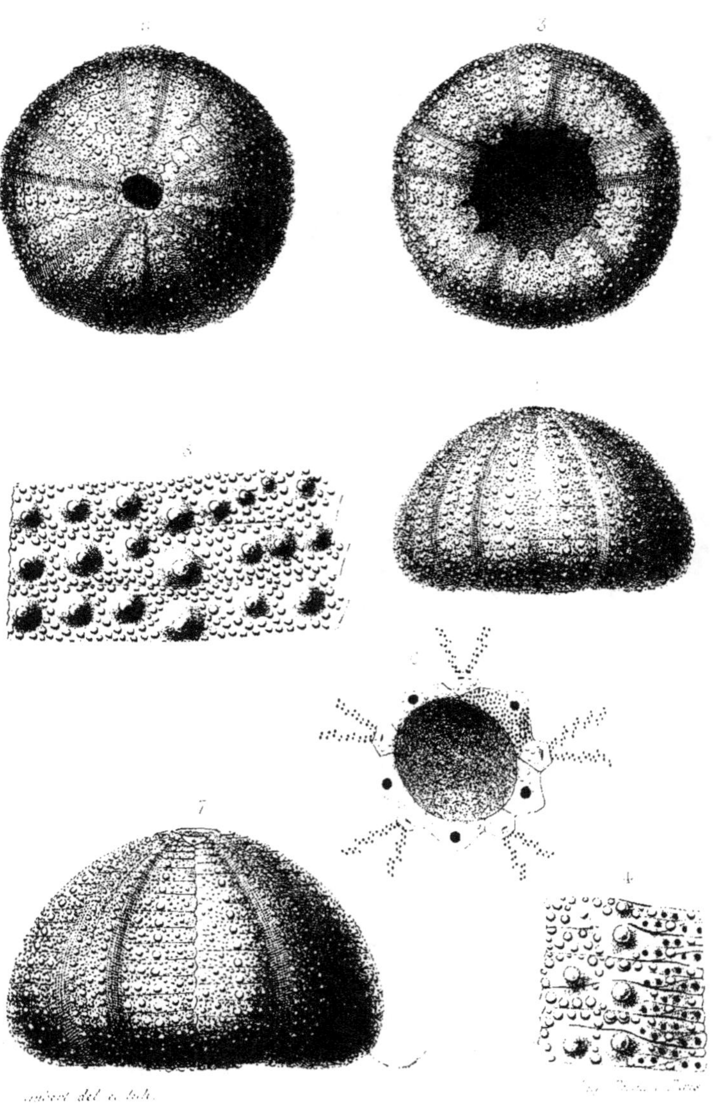

Stomechinus denudatus, Cotteau (Néoc. inf.)